灾荒与文明撞击：
中国北方地区特大干旱及应对

温震军 著

西北大学出版社

·西安·

图书在版编目（CIP）数据

灾荒与文明撞击：中国北方地区特大干旱及应对/温震军著 . —西安：西北大学出版社，2024.6
ISBN 978-7-5604-5391-0

Ⅰ.①灾… Ⅱ.①温… Ⅲ.①旱灾—灾害防治—研究—中国 Ⅳ.①G426.616

中国国家版本馆 CIP 数据核字（2024）第 100023 号

灾荒与文明撞击：中国北方地区特大干旱及应对
ZAIHUANG YU WENMING ZHUANGJI ZHONGGUO BEIFANG DIQU TEDA GANHAN JI YINGDUI
温震军　著

出版发行	西北大学出版社
地　　址	西安市太白北路 229 号
邮　　编	710069
电　　话	029-88305287
经　　销	全国新华书店
印　　装	西安博睿印刷有限公司
开　　本	787mm×1 092mm　1/16
印　　张	10.25
字　　数	164 千字
版　　次	2024 年 6 月第 1 版　2024 年 6 月第 1 次印刷
书　　号	ISBN 978-7-5604-5391-0
定　　价	50.00 元

本版图书如有印装质量问题，请拨打电话 029-88302966 予以调换。

作者简介

温震军,1967 年 11 月生,山西河曲县人,忻州师范学院专职科研教师。分别于 1990 年、2007 年、2018 年毕业于山西师范大学、陕西师范大学、陕西师范大学,获得理学(地理学)学士、历史学硕士、理学(环境学)博士学位。主要从事历史地理研究,重点研究方向:历史环境变迁。在《社会科学》《学术研究》《学术界》《地质论评》等刊物上发表论文 10 余篇。论文《"丁戊奇荒"背景下的陕晋地区狼群大聚集与社会影响》全文转载于人大复印资料《中国近代史》2017 年第 9 期,并编排为该期的第一篇文章。出版专著《农耕社会整治:明代官员吕坤构建的社会环境建设方案》。

主持并完成两个项目:(1)"二千年来陕西地区季风活动与气象灾害研究"(S2011YB01),属陕西师范大学优秀博士论文资助项目。(2)"明清时期特大干旱导致的生态效应和社会效应——以山西地区为中心"(ZT20149),属忻州师范学院院级项目。参与了三个国家项目:(1)国家自然科学基金会"中国西部环境和生态科学重大研究计划"——"历代制度和政策因素对西部环境的影响:途径、方式和力度"项目(90302002)。(2)中国科学院黄土与第四纪地质国家重点实验室项目(SKLLQG1428)。(3)国家社会科学基金重大项目"鄂尔多斯高原历史地理研究"(11&ZD097)。

自 序
——观电影《一九四二》后的思维启发及写作触动

在历史时期,干旱、大涝等气候灾害是农耕社会变迁的重要因素,中国北方地区最严重的气候灾害是大范围的特大干旱,这已被历史所证实。目前,面对人类强大的科技及社会生产能力,很多现代人自信地认为当今及未来社会的人们有能力战胜特大干旱。但是,现代社会脆弱性很多,不确定性因素很多,人们能否应对未来大范围的特大干旱呢?带着这些疑问,依据历史,反思现实,考虑未来,本书就是基于这样的背景写成的。不过,说起本书的构思及写作,起初是同观看一部电影相关。

一、电影片段再现与情感波动

"弟兄们来你这吃顿饱饭,你还要去搬兵,你这么毒?""我可是一时糊涂!"这是贼人首领和老东家的对话。于是,贼人与老东家及本村的百姓发生冲突。拳脚闪动,棍棒横飞,在打斗的后期,众人都盯着仓库中的粮食,这是多日饥饿导致的行为。很快粮食被抢光了,人们带着粮食散了。这是电影《一九四二》开头的一个场景,以下再陈述几个片段。

落荒富人求助穷人,孕妇坐车途中生子。电影主人公老东家及家人行进在避灾的途中,由于附近有国军行军,遭遇日军飞机轰炸。在混乱中,老东家的牲口连同拉的车一起丢失,带有身孕的儿媳不能步行,于是被迫求助于长工家的人力车,几日之后在途中艰难地生子。"他家也有求咱的时候,真解气。"长工家女主人的这句平淡的话语告知:穷人意识到此时自己的社会价值,感觉大灾对所有人是平等的。

避灾民众渐变成为灾民,逃荒途中意外频发。家乡失去生存的条件,民众带着生存的希望离开家乡前往异地避灾。一路艰辛,人们无任何怨言,意外频发使人防不胜防。争抢食物的打斗是常发生的事,预防食物被抢是最头疼的事,生病是再平常不过的小事了。避难途中若遇兵灾,丧失生命也许是瞬间的事。坐火车时,很多人被人群挤了下去,摔伤情况影片中未展示具体情节。载着灾民的火车到达陕西与河南的地界时被机枪手阻拦,民众感受到了机枪扫射的威胁,大家带着沮丧又行走在重返河南的途中。

大年三十闺女换食,新婚次日老婆易粮。一九四二年末,老东家一家糊口困难。在大年三十,地方官员公开挑选一批年轻的女仆,条件是用官仓的粮食换取。为了女儿以及全家人的生存,家里妙龄少女被官员选走,留给家里一些救命粮。临走时,女儿说:"以后别想我,就当我生下来的时候,你把我掐死了。"老东家说:"我辱没先人!"面对这残酷的现实,全家人眼泪汪汪。

家里最勤快的长工栓柱在落难途中找到了自己心爱的人,在新婚的第二天就卖妻子。父亲拉着两个孩子看着妻子离别,全家人含泪送别。母亲把祖宗牌位递给儿子,"记得老家是延津",同时嘱咐丈夫:"卖了我,就是饿死也不能卖孩子。"两个孩子看着爸爸拿到了救命的小米,瞭望妈妈坐车远去了。在生存面前,其他事都是小事,弄些吃的先活下来是当下最重要的事。

食物短缺饥饿难忍,若遇活体宰杀便食。大灾之前喂猪的红薯,灾荒期间成为美味佳肴,一些大户人家和衙门的官员才有条件吃到。众多的百姓只能随地采集一些可吃的食物。杀驴吃驴肉,猫死喝猫汤,河滩捡鱼吃,草木可充饥。只要看到活体,便可当作食物。在死亡与生存的交界线上,人们小心翼翼地前行,尽力寻找生存的机会。

失去亲人荒野迷茫,无奈感叹责问老天。老东家经历一场灾难后,儿子、儿媳死了,老娘死了,身边跟随的仆人失踪了,看看怀里抱的孙子,哭了起来,"千辛万苦到达陕西,没想到我把你闷死了,老天爷,你怎么啦?"一声感叹,责问老天为何对人间百姓这样无情。走在茫茫的赤地上,不知要走向何方!

"爷爷"与"孙女"相识,落难人收养落难人。老东家在迷茫的行走中见一女孩呆呆地守在母亲的身边。"妮儿,身子都凉了,别哭了。""家里的人都死了,剩下的人我都不认识了。""妮,叫我一声爷,咱俩就算认识了。""爷爷。""孙女,走吧。"落难时人们的真情感天动地,艰难时的处境迸发出人间大爱。

童年经历大灾,一生再无眼泪。在影片的最后,老东家收养了一个"孙女",这个孙女是电影剧本作者的母亲,当问起妈妈"一九四二年"时,她说:

"这些糟心事,我早把它忘了,你写它又图个啥?"据作者回忆,她的母亲一生从未流过眼泪,而且勤劳、朴素、节俭。这位母亲童年失去了所有的亲人,她刚刚来到这个世界上,便经历了灾荒中的种种苦难,由于好人的收养,她才在这个世上得到了生命、生活的延续。在之后的生活中,在她的世界观中,她认为:"灾难是社会、生活中的平常事。"因为历经灾荒遇到的困难太多了,之后的生活中再遇难事,也远比不了灾荒中的厄难,因此一生再无眼泪。

电影展示的情节是艺术加工的产物,其内容则是以历史事实为基础的,是多种历史事实的艺术组合。这种直观形象的展示,使灾荒的场景历历在目。目睹这些场景,确实与目前的现实生活画面形成巨大的反差。当时我的情感发生剧烈的波动:可怕的大旱,可怜的灾民,人的力量在大灾面前是多么弱小,一个个鲜活的生命在短时内便进入生命大循环的又一个环节。惨烈的生存竞争场景好似回到人类社会初期的野蛮时代,人的生物性表现得异常明显。

历史事实可以换一种方式重现,可以发生在现在或将来的某一个时候。那么,未来特大干旱什么时候出现?以何种方式重现?重现以后对人们的生活和现实社会会造成什么样的冲击?这些都是需要思考的问题。于是,对现实问题的思考与对电影片段的思索,两种思维相互交织,使我的情感继续波动。作为一名跨越地理、历史与环境学科的学者,我觉得有责任、有义务对特大干旱的诸多方面进行研究,给社会献上一些有价值的东西。于是,我开始拟订写作计划。

二、现实生活与写作动力

最早萌发写"特大干旱"的念头是缘于一件小事。2006年是我读硕士的第二年,那年盛夏,我要赶回老家山西省河曲县。火车转乘汽车,下汽车再搭坐三轮车。搭上三轮车正值午后,太阳火辣辣地照晒,当时我穿着背心,皮肤热痒,心里难忍。只是因为回家心切,我才没有发出痛苦呻吟。坐了约半小时三轮车,回到了我们村,下车以后感觉皮肤仍是疼痛。第二天,肩膀、后背的一些部位开始脱皮,一周以后皮肤才恢复正常。这件事情让我直接体验到太阳照晒的威力,也让我想到了特大干旱期间走在炎热太阳底下四处求生的人们。他们的身体在受苦,内心受到煎熬,他们的感受同我坐三轮车时的感受也许有相似之处吧。我硕士所学的专业是环境变迁与重建,该事触发我思考与现实相关的专业问题,从此我开始收集特大干旱的相关资料,准备在"特大干旱研究"方面下功夫。

对家里停水的困惑是我写"特大干旱"的一种动力。使用自来水的居民很担心停水。如果停水超过一天以上,会给人们的生活带来较多不便。若停水两天或两天以上,居民的生活就会出现诸多问题。停水后,首先是饮水、煮饭受到影响,停水时间长了,储存水用完,下水道排污越来越困难。

如果继续停水,周围商店的矿泉水早已抢购一空,城镇生活的居民只能被迫暂时迁移。我在城市居住已经多年了,这样的事实是多次亲身体验过的。近年来每当停水,我的思维就联想到特大干旱。若未来大旱持续,水源地枯竭,供水被迫停止。接下来出现的情况会是,人畜饮水越来越紧张,下水道排污困难。若停水三天、四天、五天,接下来的环境场景就不敢再想象下去了。我作为一名关注环境变化的学者,关于停水的困惑一次次提醒我:"研究未来特大干旱"确实是关系到千家万户的事。

爱人常看的"穿越剧"启发了我的思维。"穿越剧"的不少情节是:现代人穿越回古代,同古代人接触。这些事实启发我,在学术研究中,让思维穿越到未来的时空,走进未来的特大干旱环境中,之后再倒回到现实的环境中。一次,爱人正在看清代"穿越剧",我去凑热闹时偶尔看到剧中有这样一个情节:在历史文献记载中,清代某一时间发生了一次宫墙倒塌事件。一位现代人得知这一事实后,穿越回"清代宫墙倒塌"之前的时期。在危险将要发生的时候,他告知了清代的一些人"在什么时候这面墙要倒塌"。于是,在事发时众人远离了这面墙,当墙体倒塌之时,不少人的命保住了。这一情节深深地印在了我的脑海里,并不断地启发我的思维。作为研究未来特大干旱的学者,思维应穿越到未来环境中,预测未来可能发生的多种灾难细节,并让更多的民众得知。再具体一些,提醒人们对未来可能发生的特大干旱提前做一些备荒事宜,在大旱到来之时,让民众的受灾程度降到最低。这些"穿越剧"促使我深层次理解"穿越时空"的思维方式,这种思维方法能否对研究未来特大干旱萌发一些新创意?从另一个角度来讲,这些想法成为我写作的又一动力。

父亲给我讲述的家乡救灾故事对我进行写作产生了一种触动力。我出生在山西省河曲县的一个小山村,村名"文武坡"。从我记事开始,我们全家生活在一孔石窑里,和它并排的还有两孔,窑洞里冬暖夏凉的感觉一直刻在我记忆的深处。关于这三孔石窑何时修建,我从来没有想过此事。直到十年前,我同父亲谈起家族的往事,才得知这三孔石窑修建的历史背景。在 20 世纪初,当时还是光绪年间。有一年发生了旱灾,文武坡以及邻村火山、太子店这三个村都受灾了。在家乡,每当灾荒发生,百姓之间互助救灾成为一种传统。当时,我爷爷的父亲还在童年时期,那时候全家储存了40石谷子。为了让三个村的群众度过饥荒,家里开始实施一件事,就是背石头修石窑。文武坡、火山、太子店三个村的大部分男性劳力从火山沟往文武坡村背石头,修建了这三孔石窑。家里储存的40石谷子全部分给了民众,三个村的人们度过了荒年。很有意思的是,笔者就出生在那三孔石窑最东边的一间里。我家较古老的窑洞记载着民间互助救灾的历史,同时记载着在大灾面前家乡人互帮互助的传统。父亲讲述的家乡人互助救灾的事实,常常萦绕在我的脑海,让我感觉干旱导致的灾荒好似就发生在昨天,历历在目。那么,自己作为一位学者,记述昨天的灾荒事实,为明天的灾荒提出一些方法建议,感觉就成了一种责任。这种责任感不断地升华,从我应该为家乡人写灾荒,到为中国北方地区的人们写灾荒,直到演变为为全中国人乃至全人类写灾荒。

三、史实依据与治学思维方式的督促

真实的历史事实让人触目惊心。据李文海先生研究,光绪三年、四年发生的"丁戊奇荒"导致的死亡、迁移的人数众多。山西人口1877年为1643.3万,至1883年变为1074.4万,减少了568.9万。太原府灾前人口为100余万,灾后仅余5万。[①]这些减少的数目是死亡、迁移人数的总和。看到这些触目惊心的数字,我的脑海里首先意识到"当时的农耕文明在清光绪年间还经不起特大干旱的撞击"!究其原因,是当时的干旱程度太深了,受灾范围太大了。朝廷的救灾组织还没有来得及大规模地应对,众多的人口就已经在干渴、饥饿面前死亡了。北方的几个省都发生了大旱,北方多地的民众大多为受灾者,朝廷指派谁来救灾?谈到灾情最重的山西、河南,干渴、饥饿的民众当时有的试图走出山西封闭的环境,也有的试图走出河南一望无际的平原,众多人在前往他乡的途中死亡了。官方曾派出一些救灾队伍,不过他们在前往救灾的途中也变成了受灾的民众,队伍中的大部分人因干渴、饥饿而死亡。虽然未来社会信息畅通、交通发达,社会生产力水平高,但倘若像崇祯末年或光绪初年那种规模巨大的旱灾再次降临我国北方大地,我们还能从容应对吗?带着这个疑问,我展

---

① 李文海:《中国近代十大灾荒》,上海:上海人民出版社,1994年。

开了关于特大干旱及其应对的研究。

研究方法变革的尝试。从2005年起,我开始步入历史环境变迁研究领域,基本研究途径是:利用历史文献以及实地考察方法追溯历史时期环境变化的事实。近年来,我一直在尝试新的研究方法。在本书中,我以历史环境、现实环境为基础,通过一系列思维加工,对未来的环境情况进行推测。这种研究方式,相对于传统的研究方法来说是在尝试变革。在研究过程中,利用文献的钥匙打开历史的门窗,苦苦探寻历史上灾荒时期的场景。若有模糊之处,通过实地踏寻、辨析,进一步了解微观的场景。如何让历史与现实结合?书中在多个领域,从多个角度进行细致、翔实的分析。比如,在充分了解目前城镇、乡村地表生产生活设施的基础上,把历史场景同现实的地表场景融为一体。再通过一系列思维,对未来的灾荒场景细节进行预测。总的来说,研究方法变革是本书的一个特点。

"学以致用"的思维启迪。任何一门学科的建立都是为现代或未来社会服务的。我所进行的研究能够为社会做哪些具体事情?如何达到学术成果对社会贡献的最大化?历经多次社会调查,我发现现代人自信有余,危机意识不足。很多人对"未来可能发生大旱"没有想过,更不可能有备荒意识和行为。不少人认为,人类的科技和生产水平能够应对未来多种灾害,对人类的能力过于自信。现代人对自然的敬畏感越来越淡薄,主观主义的思维越来越强,等等。得到这些调查结果,我对本书内容的研究更充满了信心,之后才下足功夫,完成了书稿。

本书出版后,若能让生存在北方地区的民众建立"特大干旱将要发生"的危机意识,那我就为社会做贡献了。如果能督促多个行业的人们实施积极的备荒行为,那我就更欣慰了。倘若将来某一天特大干旱到来,书中详细叙述的应对灾害方法一定能助力广大民众的应灾行为。

目 录

第一章 历史特大干旱场景及民众行为、意识的追溯 …………… (1)
  一、历史特大干旱场景的再现方式 ………………………………… (1)
  二、历史特大干旱期间民众异常行为的追溯 …………………… (8)
  三、历史特大干旱期间民众意识的客观分析 …………………… (14)

第二章 崇祯末年北方地区生态异常及社会影响 ………………… (22)
  一、特大干旱与水循环异常 ………………………………………… (22)
  二、生态系统中其他自然要素的异常表现 ……………………… (25)
  三、社会动荡与环境变迁 …………………………………………… (31)
  四、生态恶化、社会动荡与人的异常行为 ……………………… (35)

第三章 光绪初年北方地区生态异常及社会影响 ………………… (44)
  一、光绪初年的生态系统及人的生态地位 ……………………… (44)
  二、生态变化初期的表现以及人的异常生态行为 …………… (48)
  三、生态变化加深以及社会应灾的局限性 ……………………… (55)
  四、生态系统出现异常的原因 …………………………………… (66)
  五、生态系统异常变化对社会的影响 …………………………… (75)

第四章　未来特大干旱场景的预测 ……………………………（85）
    一、预测未来特大干旱场景的思维方式 ………………………（85）
    二、未来特大干旱可能出现的场景 ……………………………（87）

第五章　应对未来特大干旱的重要性、艰巨性分析 ……………（96）
    一、北方地区未来特大干旱发生的必然性 ……………………（96）
    二、现代社会脆弱性的表现 ……………………………………（98）
    三、现代社会救灾能力的客观分析 ……………………………（101）
    四、时空相对变化增加了社会救灾的"价值" …………………（103）

第六章　应对未来特大干旱的思维建造及具体措施 ……………（107）
    一、应对未来特大干旱的思维建造 ……………………………（107）
    二、特大干旱未发生时实施的预防措施 ………………………（113）
    三、灾荒发生时的应对措施 ……………………………………（134）

后记：成稿后的感受与思考 ………………………………………（140）

第一章 历史特大干旱场景及民众行为、意识的追溯

依照史学研究的原则,追溯历史事实一般以历史文献、考古资料和古文字等为主要依据,故学者们研究历史往往试图找到记录时间尽可能接近事实发生时间的文献,寻找一些反映当时历史的考古资料等。如果研究历史时期的早期阶段,古文字可作为一种重要的研究资料。要追溯历史时期中国北方地区特大干旱的场景以及当时民众的行为和意识,当然最苦的事莫过于寻找相关资料。经过一番搜索,笔者将目光瞄准了历史文献。面对众多历史文献,新的困惑又产生了。一部"二十四史",主体是精英史,其中反映普通民众的史料相对较少,民众的历史往往被忽视。北方中东部地区地方文献众多,从零散的记述中能够找到我们所需要的一些东西,并且记载的方式是多角度的。基于此,笔者将注意力和精力主要对准了以地方志为主的地方文献资料,在充分利用这些资料的基础上,拟找到历史文献与历史场景的连接方式,从而追溯历史特大干旱的真实场景以及民众的行为,以此为基础对当时民众的意识做一定的探讨。

一、历史特大干旱场景的再现方式

研究史学,需要找到有说服力的证据。如何找到比文献资料更有说服力的东西,复原的历史事实比文献资料的表述更为逼真?如何利用有限的文献资料找到更接近真实历史的事实?对于史学研究来说是一种创新。在具体研究中,需要搭建一座桥梁。那么搭建一座什么样的桥梁,才能使古今之间的对话真切,了解的历史内容真实?历史时期特大干旱场景的再现方式就是搭建的特殊桥梁。再现历史时期特大干旱的场景,需要想办法。由于史学家、普通

文人记述的历史同真实的历史有一些差别,民间传说的历史同真实的历史也有差别。笔者搜寻和整理的以下再现的历史场景多是再现微观的场景,多个微观场景的组合构成的场景更接近真实历史的场景。

(一) 历史文献与现实场景的连接

(1) 解读历史文献的方法

查阅有关明朝崇祯末年和清朝光绪初年特大干旱期间北方地区的地方文献①,从中能够找到一些有关的史料,不过,关于记述民众行为的文献相对较少。由于文献较少,反映的信息量非常有限,有必要对其进行深入解读。

深入文献内容的内涵。对文献记载的事物欲深入理解其内部的复杂性,首先要了解事物的组成要素,其次要了解事物的内部结构,再次要了解事物蕴含的自然特征以及当时的社会特征,等等。在考虑事物的一般性的同时,还要关注具体事物的特殊性。

扩大文献内容的外延。对历史文献中记载的事实追溯其原因,对事实的下一步发展情况进行合理的推测。利用历史文献还可以恢复与一些事物场景相邻的场景,捕捉与这些事物的场景相类似的场景,还可进行场景的延续和场景的向前追溯,等等。完成以上做法的理论依据是事物发展的因果规律以及不同事物之间的联系,特别是它们之间的直接联系。以上方法也可以称为文献场景的扩展,它是追溯历史事实的又一方式。要了解文献中记载的事实,要想到它们的关联事实。因为一种事实出现,它们的关联事件就可能出现,无论现在和过去都是这样。所以我们可以利用有限的文献资料去扩展当时的场景,可以追溯更多的历史事实。

通过对文献内容内涵的深入和对文献内容外延的扩大,以深入解读文献,进而可以追溯更多的同文献相关的历史事实,是模拟再现历史片段场景的基础条件。

---

① 主要运用的地方文献资料:《中国方志丛书》,台北:成文出版社,1968 年;《中国方志丛书》,台北:成文出版社有限公司,1976 年;《中国地方志集成》,南京:凤凰出版社,2005 年。

(2) 客观分析文献记载的局限性

古代学者记录的一些灾荒文献是有价值的。因为他们有更多见闻的机会,有的还有亲历,比之于当今学者,他们的记录和描写或许更接近真实。但这些文献的内容也可能出现同历史事实存在偏差的情况,这就是某些历史文献反映事实的局限性。对于一些史料,如果分析其出处以及记载的时间,会发现很多内容是事后地方文人记载的,他们记载的主要依据是前人留下的一些文字记录以及民间口头相传的东西。由此可知,从事实的发生到文人进行记载,时间间隔往往较长,于是记载的不少内容越来越远离事实了。

虽然历史文献在反映事实方面具有一定的局限性,但如果要追溯历史,我们依然要运用这些文献资料。因为当时民众的行为同这些文献记载的内容还是更接近一些,这些文献资料是比较接近当时客观事实的资料,这些文献所记载的内容有着不可替代性,我们应充分利用这一点。否则,我们很难找到比文献资料更接近当时客观事实的资料。

(3) 弥补文献资料的不足需要进行田野调查

如果文献相对准确,利用文献构建的模型和绘制的图才有意义。若文献不准确,或者误差很大,那构建的模型和绘制的图就无意义了。如何弥补文献的误差?可尝试以下的做法:根据一些事物现代的特征与古代的特征的相关性,走出书房,亲临实地,把自己当成古人,把自己当成当事人,去模拟古代的一些场景,利用所得到的感受和体会去构建历史事物,追溯或还原历史事实。这样构建的历史事实同当时的历史事实接近程度会更高一些。比如,可以尝试亲临现代干旱场景。当亲临现代干旱场景以后,能够了解现代干旱发生时的一些自然现象和社会现象,利用历史文献推测构想历史时期的干旱场景。因为现代干旱场景同古代干旱场景有相同或者类似的地方。在利用文献进行研究时,注意不能过分依赖文献。若过分依赖文献,则往往会忽视自己的感性认知和理性判断。依靠文献的时候,应该多思考文献的来源,多分析文献记载的内容同事实之间的差距。

(4) 挖掘民间资料是研究历史时期特大干旱的重要方法

正史等官修的史书是研究历史的重要史料,这一点毋庸置疑。但民间资料同样是研究历史的重要资料,一些历史事实史书未记载,但民间流传下来了,这些民间资料需要细细地整理。民间资料内容丰富,种类较多,如地方文人编撰的家谱以及其他文学作品,散落在民间的一些古画、墓碑以及其他纪念碑,一些口头相传的历史事实,世代相传的抗旱方法、相传的治疗疾病和抵抗瘟疫的方法,等等。

一些民间资料可能更接近历史事实。比如旱灾场景的一些细节,百姓口头相传的事实可能更真实一些。因为一些百姓可能亲身体验过旱灾的场景,相比较而言,对于记载史书的一些文人,他们的生活条件要优越一些,他们实地体验旱灾的机会可能少一些。民间的一些抗旱救灾方法是多年积累的经验,这些经验一般只在民间相传。世代在田间地头劳作的百姓,他们在等待降雨的时候,会总结出一些抵御旱灾的具体措施,这些积累的经验是百姓生存的法宝,前辈传给后代是理所当然的事。地方文人作品、民间古画碑刻等记载的内容同真实的历史可能更接近一些,因为相关的记述者和雕刻者多是在民间长期生活的人。深入民间,可以得到学界未关注的一些东西,可以得到古代官方未记述的东西。所以,关注、收集民间种类多样的资料,是追溯历史时期的特大干旱较为重要的方法。

(二) 关于惨不忍睹的历史场景"记述困难"的分析

在历史特大干旱期间,关于一些真正的惨不忍睹的场景,谁能目睹并有机会做记录呢?学者们每当研究历史事件,都试图找到更早的资料,因为资料的说服力较强,这一点毋庸置疑,但是更多的资料是事后一些文人做了文字上的总结。事实上,关于灾荒的文献记载内容往往同真正的事实有一定的差距,做文献记录的人很少去过一些惨不忍睹的现场。即便当时一些人做了记录,而记录的内容很少是他亲临现场目睹的,一般是依据他人的相传而记载的,这样导致记录的内容很难逼真地描绘出最残忍的场景。在多数情况下,当最残忍的场景发生在眼前的时候,当事人和目击者往往是没有机会做记录的。亲临现场的人分为两类:一类人没有活下来。有机会活下来的人是拿到一手资料的人,但是,他们一般是无能力或者无条件做记载的,因为这些人中的大部分不认识字,更不会写字,一些识字的人也没有记录历史的意识和习惯。可见,对于一些惨不忍睹的场景,当时的文人很少能记录下来。如果采用历史片段场景的模拟再现方式,则可以了解文人无法记载的一些历史场景。

(三)模拟再现历史片段场景的方法及遵循的规则

利用有限的文献,欲了解到更接近历史事实的东西,笔者做了以下尝试。走进民间采访,得到更多的与文献相关的口述资料,再走向野外进行历史片段场景的模拟再现。具体操作如下:首先,充分了解现代史学理论,在这些理论的引导下进行思考和调查;其次,进行社会调查以对文献事实进行验证;还要进行社会观察,在当今社会中探寻同历史事实相关的场景;再次,在野外寻找特殊的时空进行历史片段场景的模拟再现。

以现代史学理论作为研究准则。现代学者比古代学者在研究上有多个方面的优势,因为现代学者能够充分利用现代史学理论,对前人的历史观点进行总结,并且在此基础上进行创新。在具体研究中可以利用现代科学技术,还可利用学科交叉的优势,等等。不过在这一部分内容中,只谈与"再现历史片段场景"相关的内容。通过现代史学理论的引导,在社会调查以及模拟再现历史片段场景的过程中,可以使碎片化的历史事实整体化和系统化,以达到思维的科学性,从而对特大干旱时期的历史事实能够做出更为接近真实的判断,同时能够深刻体会历史发展的规律。

依据历史文献对现代社会现象进行观察。在当今社会中设法寻找到同历史文献记述相类似的活动场景,可以进一步理解历史文献所记述的内容。因为一些现代事件和历史事件具有很大的相关性,特别是一些现代事件和历史事件具有相似性。在相似的环境条件下,一些历史事件的部分环节可以在现实社会中得到再现。由此看来,依据历史文献进行社会观察是历史事件和现代事件进行相互连接的一种方式。

通过社会调查和观察寻找同历史事实相关的场景。在社会调查和观察过程中,要充分收集民间的资料。比如,如能见到特大干旱期间的文献、碑刻等资料,当然要收集;采访他人以收集民间灾荒的口述资料,一些年长者是采访的重点对象,因为他们中有些人亲身经历过历史时期的一些大灾,他们的口述资料对当时事实的描述更为逼真,特别是能够回忆起当时场景中的一些细节。通过社会调查和观察可以追溯到同历史事实相关的场景,这些场景同真实的历史场景更接近或者更相似。

借助现代场景模拟再现一些历史片段场景。虽然历史场景不能以实验的形式进行复原,但以下事实可以做到:比如,设法在现代环境中寻找一些特殊的时空,研究者身体力行置身其中,可以深刻体会处于灾荒环境中的人们的心理感受以及出现种种反常行为的原因等。这种做法,笔者称为"模拟再现历史片段场景"。模拟再现的基本方式是:亲临野外,了解地貌、水系等地表的自然特征,感受当地的气候,从而置身于一定的自然环境中模拟灾荒场景,同时发挥想象,体验置身于其中的感受。这样做能够找到比文献资料的表述更为逼真的东西,这些东西也许更接近历史事实。

虽然文献内容对于复原历史具有自己的优势,但是由于笔墨的限制,历史环境的很多细节未能得到很好的描述。历史特大干旱场景再现能够找到比文献资料更有说服力的东西,复原的历史事实比文献资料的表述更为逼真,可以近似地体会到历史环境中的一些细节,可弥补文人记录的不足。历史片段场景的模拟再现是一种追溯真实历史事实的探究方式。

(四)模拟再现历史片段场景举例

2016年7月,笔者同三位师弟前往河南新乡市和焦作市进行田野调查。两地大致位于华北平原的西部边缘地区,这一带地貌复杂,既有山地、丘陵,又有广阔的平原。视其自然景观,有森林、草地、农田和水域等。无论现在,还是历史时期,这些区域都旱灾频繁。调查期间,我们在部分村庄采访了一些老者,了解到关于历史特大干旱期间的很多事情。比如,人们在食物非常短缺的情况下如何料理生活;在人和野生动物生存竞争很激烈的时候,他们如何对付凶猛野生动物的侵袭;当掠夺成风之时如何对付强盗;当社会动荡加剧时如何应对兵灾;等等。

利用两个夜晚,我们四人自带帐篷住在野外,欲体验亲临灾荒场景的一些感受。一个夜晚,我们兄弟几人在朦胧的月光下背着简单的行囊向前行进。环顾周围广阔的田野,望望远处群山,周围死一般寂静,我们几人不寒而栗,真正体会到幽静中的恐惧。我心里想,这个时候如果几只野狗突然到来,那该如何应付?如果狼群到来,我们几人手里的木棒也起不了多少作用!如果来了一群饥民把我们当作杀食的对象,那种场景不敢再想下去了。此时,我真切地体会到历史文献中记述的一些内容。山西汾阳县,"光绪三年,狼遍野食人,饥民亦有剥尸食者"①。陕西横山县,"光绪四年,野狼成群,噬人,商旅裹足"②。历史特大干旱期间的那些真实的场景以及饥民的感受大概同眼前的场景和此刻我们的感受有相似之处吧!

另一个没有月光的夜晚,我们几人在一个村落附近的小丘上撑起了帐篷。在漆黑的夜里,我们静静地观察周围的动静。我们对天空飞过的流星不感兴趣,凭借村庄周围朦胧的电灯光,看到了一些中小型的夜行动物在村庄附近出没,成群的蝙蝠在村落及周围的上空飞来飞去。后半夜发生了两次群犬的狂叫,我们猜想,这可能是由于野外的动物进入村庄引起的。群犬狂叫让我感到心惊肉跳。村子有八十多户人家,据犬声判断村里犬的数量很多,声音浑厚,传向远方。在历史文献中,山西临晋县(现为临猗县),"光绪五年,兼有狼犬相率噬人,往田入市不敢独行"③。当时应该是什么场景呢?倘若现在处于特大干旱期间,人和狗都严重缺食,如果村里的狗群嗅到我们几人,饥饿的狗群涌到山丘,把我们几人包围,很快会出现狗吃人的场景。想到这里,我的眼前似乎出现了狗同人搏斗的场景,脑海里出现了"身临其境""亲身感触"这一类的词语,再次追问自己:人同动物生存竞争的场景究竟如何?

一个很热的白天,我们几人早上起来都没吃饭,没带水和干粮,心里假想着我们就是逃荒的饥民,今日要亲身体会灾荒年间逃荒民众的感觉。我们在野外忍着酷暑和饥饿背着行囊前行,我们要测试自己能够坚持多久。中午我们仍然没喝水、吃饭,等到下午四五点时,饥渴难忍、腰酸腿困、筋疲力尽、行动茫然、恐慌无奈等多种感受出现了。这个时候,我想起历史文献中的内容:光绪三年(1877),河南开封一带"流亡遍道路"④,河南荥阳县"流民载道络绎不

---

① 王文员等:光绪《汾阳县志》卷10"事考",第293a页。
② 曹子正等:民国《横山县志》卷2"纪事",第188页。
③ 赵意空等:民国《临晋县志》卷14"旧闻记",第598页。
④ 光绪《祥符县志》卷23"祥异",张德二《中国三千年气象记录总集》,南京:凤凰出版社,2004年,第3375页。

绝"①,等等。现在我们的模拟处境以及感受同历史灾荒年间逃荒灾民的处境和感受应该有相似之处吧!当时我们师兄弟几个在现场对逃荒饥民的情景进行了讨论,并且记载了每个人的种种感受和想法。

模拟再现历史片段场景是笔者多年来构思的追溯历史特大干旱场景的一种方法。笔者这次走入田野,体验了发生狼、狗灾害时的那种心理恐惧感,体验了酷暑时节逃荒时那种饥渴难忍的生理感觉。这次亲身经历验证了"模拟再现历史片段场景"这种历史研究的方法具有可行性。

二、历史特大干旱期间民众异常行为的追溯

通过阅读文献得知,在历史特大干旱期间,民众的异常行为表现为多方面:竭力寻找水和食物,部分人艰难地迁往他乡,人们之间出现食物争夺,人和野生动物之间出现生存竞争,甚至一些区域出现人吃人现象等。由于文献记述的言辞较少,人们读起来很难想象真实的场景。上文谈到的历史片段场景的模拟再现方式,有助于深层次理解文献中记载的一些现象,可以探寻文献无法记述的一些场景,特别是能够探寻一些惨不忍睹的场景。因此,笔者继续尝试以上的实践方式,以追溯特大干旱期间民众行为的一些细节,以探寻更接近历史事实的民众行为。

(一)寻找水食延续生命

水和食物在哪里?还有哪些可食的东西?这是所有饥民都关注的事情。如果连年特大干旱造成大部分地区粮食歉收或者绝收,随着干旱的延续,储存的粮食不断减少,人们在环境中会尽力寻找可食的东西。崇祯十三年(1640),陕西三原县,"大饥,邑人食榆皮、草木殆尽,饿殍盈野,尸填盈沟"②。同年,直隶南和县,"大旱,无禾稼,人食草根树皮,饿殍载道"③。光绪三年,山西阳城县,"不惟树头诸果未熟而已食尽,即桑、柿、椿、槐之叶,荆、榛、松、柏之籽,树

---

① 张沂等:民国《续荥阳县志》卷12"祥异",第645页。
② 贺瑞麟等:光绪《三原县新志》卷8"杂记",第565页。
③ 周章焕等:乾隆《南和县志》卷1"星野·灾祥附",第56页。

皮草根凡可充饥者无不来掊"①。光绪三年,山西汾西县,饥民"扫蒺藜拔毒磨面,拾树叶,捞荏草、稻秸、黍秆、玉黍芯搅谷穰砸捣碾面,菁蒿籽、沙蓬籽也觉香甜"②。为了延续生命,人们在有限活动范围的环境中竭力寻找水和食物。由文献内容可以得知人们生存的艰难。事实上,真正的场景大多是惨不忍睹的:四处找食的饥民步履蹒跚,环顾周围,满目荒野。人们满脸愁云,无奈地打起精神,艰难地寻找救命的水和粮食替代品,树叶、草根、树皮和秸秆等多种植物残留有机体都是他们采食的对象。当这类食物进入体内,一些人很快会出现腹胀、浮肿等多种症状。人们的体能不断下降,抵抗能力减弱,疾病渐渐地增多,随着灾情的延续,病死、饿死的人越来越多。

(二)部分人茫然地、艰难地迁往他乡

在北方典型的农耕区,如果气候条件正常,百姓习惯于过世代定居的农耕生活。如果特大干旱持续时间较长,出现食物短缺时,会有一些人被迫离开家乡。当社会秩序发生混乱,甚至发生暴力冲突时,会有更多的人被迫迁往他乡。崇祯十三年,直隶卢龙县,"大饥,流民万计"③。光绪四年(1878),山西临县,"人尽菜色,户多流亡"④;山西平定县,"人民流离,道馑相望"⑤。以上文献反映的场景一定很凄惨:众多灾民依依不舍地离开故土,缺乏食物的人们有气无力地行走在流亡途中,相互看看凄惨的脸色和不振的神态。他们类似饥渴的动物群体,茫然地向他乡迁移,干渴、饥饿、疾病时时危及着他们的生命。

据《申报》载,光绪五年(1879),山西"南路蒲、解、绛、平四属逃亡之余,存者不过十分之三。如垣曲、河津仅有十分之一"⑥。那么,众多的人走向了何方?他们中的一部分迁往异地找到了生存的机会和条件,如:"在1878和1879

---

① 《南梁城荒年碑记》,现存于山西阳城县河北镇南梁城村。
② 《清光绪三年遭年景(馑)歌》,现收藏于山西汾西县张剑波家。
③ 李茂林等:民国《卢龙县志》卷20名宦,第455页。
④ 吴命新等:民国《临县志》卷17"著述·荒年记",第502页。
⑤ 光绪《平定州志》卷5"祥异",张德二《中国三千年气象记录总集》,南京:凤凰出版社,2004年,第3383页。
⑥ 《申报》1879年3月12日。

两年的冬天,绝望的人们陆续离开家园,向省会城市尤其是天津的粮仓奔去。山西约有10万难民涌入了天津,这些可怜的饥民光着身体,栖身于用泥土和黍秆修筑的简陋的小屋中。"①一部分人则从一种困境走到了另一种更可怕的困境中。前不着村,后不着店,无吃无喝,无依无靠。想后退,体力不佳。欲向前,不知前往何方。呼天天不应,叫地地不灵,今生告别于半途,希望寄予来生。就这样,众多的人永远消失在寻找生存机会的途中。

(三)人们之间争夺食物

人们之间的食物争夺是在一定的环境中食物严重短缺以及人口相对较多的事实引发的。食物争夺多表现为个体之间以及小群体之间争夺食物,个体之间抢夺食物一般出现在较为偏僻的区域,小群体之间抢夺食物多出现在人口较多的区域。崇祯十二年(1639),河南安阳有"遍地盗起,号曰'打粮',肆其抢掠,讫无官法矣"②的记载。崇祯十三年,直隶成安县"盗起,乡村抢掠无虚日"③。崇祯十四年(1641),山东曲阜县"大饥,土寇纷起"④。光绪三年,山西稷山县"秋大祲,赤地千里,蠢动者啸聚掠粟"⑤。光绪三年,山西临猗县"盗贼蜂起,肆行抢掠"⑥。以上文献反映的场景可能是:在旱灾盛行期间和旱灾刚刚过后的一段时期,一些饥民在食物短缺的生态环境中寻找可食的东西。多数人家里没有食物,也找不到合法的寻找食物的渠道。当出现生存危机的时候,只能联合一些人想办法掠夺。如果联合的人较少,那就拦路抢劫或将一些小的富户作为下手的目标。如果群体规模较大,其抢夺的目标就是富豪和官员。如果能够成功,便能得到更多的食物和其他生活物资。在抢劫过程中,恐吓和推搡等是掠夺者普遍采取的一些办法,当然还有更惨烈的场景。一群一

---

① Mike Davis, *late Victorian Holocausts : El Nino Famines and the Making of the Third World*. verso: London New York, 2001. p.78.
② 马国桢等:康熙《安阳县志》卷10"灾祥",康熙三十二年纂修,影印本一函六。
③ 张永和等:民国《成安县志》卷15"故事",第873页。
④ 潘相等:乾隆《曲阜县志》卷30"通编",乾隆三十九年刻本。
⑤ 马家鼎等:光绪《续修稷山县志》卷1"祥异",第32页a。
⑥ 赵意空等:民国《临晋县志》卷14"旧闻记",第597页。

伙的灾民手持武器入室抢劫和拦路抢劫,他们冲入富户人家掠夺。掠夺与反掠夺导致的残暴的厮杀、血腥的打斗场面应该是屡见不鲜的。

(四)"人相食"成为绝境中的人们无可奈何的生存选择

要知道"人相食"真实的情况究竟如何,首先必须了解社会上人与人之间的关系。只有了解了人们之间的关系,依据历史文献资料才能了解"人相食"的真相。我们可以通过现代社会人与人之间的关系推测古代社会人与人之间的关系。在充分了解社会上人与人之间关系的基础上,才能对"人相食"现象作出一些让人信服的、合乎事物逻辑关系的解释。

"人相食"现象一旦发生,说明生存环境已经极端恶劣。崇祯十三年,直隶定兴县"大旱,无麦,米大贵,民相食"[1]。光绪三年,山西绛县"先犹宰食牲畜,继而树皮、草根、薪蒸、土石等类杂充饥肠,甚至剥遗尸,刨掩骸,残骨肉,食生人,饥死十之四五"[2]。从以上文献得知,"人相食"是人们很难找到粮食替代品时出现的现象。崇祯十三年,山西潞城县有"岁大饥,人相食,偏僻荒郊无人敢独行"[3]的记载。在当时的环境中,人们很难找到可食的东西。一些人组合在一起,猎杀过路人,喝血止渴,吃肉充饥。有关人吃人的详细过程,《河南府志》里记述了崇祯十三年的事实,"其杀人而食,先唼其血,次食肠肚肺,次食脑,次食其肉手足"[4]。陕西《蒲城县续志》记述了亲人之间互相杀食的事实:崇祯十三年,"岁奇荒,斗粟千钱,夫唼妻尸,父食子脍"[5]。既然有以上事实的存在,那么一些人主动出击杀害另外一些人的事实可能也是存在的。由以上事实可知,在生存条件极端恶劣的条件下,人与人之间形成了弱肉强食的关系。

以下文献记载了逃荒途中"人相食"的场景。光绪三年,河南新乡县"大

---

[1] 杨晨等:光绪《定兴县志》卷19"大事志·灾祥",第1073页。
[2] 胡延等:光绪《绛县志》卷12"祥异",光绪六年木刻本。
[3] 申伯等:康熙《潞城县志》卷8"灾祥",康熙四十五年刻本。
[4] 何柏如等:顺治十八年《河南府志》卷3"灾异",康熙二年刊本。
[5] 何芬等:《蒲城县续志》卷4"艺文",康熙五十三年刻本。

旱,麦秋全无,赤地千里,流亡载道,饿殍塞途,人相食"[①]。当时的场景应该是很凄惨的:在广阔的原野上,植被枯萎,地面干裂,饥民离开故土,向他乡行走。饿死的人躺在路旁,快要饿死的人仍然找不到可食的东西。由于饥肠辘辘,多日没有进食,求生的信念使一部分人的行为偏离了常态,活着的人去食死去的人是当时环境条件下的一种非正常生存行为。在赤地千里的土地上,动物很难找到。饥民在寻找可食的东西,饥渴难忍,痛苦欲死。几个饥民与不相识的一大队饥民相遇,接下来会发生什么呢?我想是武力冲突,大队饥民杀死这几个饥民,人血止渴,人肉充饥。这样的场面,目击者没有记录的想法,更没有记录的机会。可见,多人联合在一起拦路杀人劫食的现象是可能发生的。如果不是这样,文献中的"人相食"又代表什么样的事实?如果一个人遇到一个人,体力相差较小,即使饥渴难忍,"人相食"这种现象发生的可能性也是很小的。

惨不忍睹的"人相食"也可能发生在人口较多的集镇。在一定的条件下,人是最不安全的因素,饥渴难忍者最易找到的食物是同类。若能找到尸体,即可方便食用。若找不到不动的尸体,则要设法找到行走的"尸体",于是恐怖的场景便出现了:一人在林荫下走着,突然从暗处猛然冲出几人,手持锋利的器械,直击行人要害,食物便得到了,这几人可生存几日。寻食经验丰富的群体游荡于市区间,时而隐匿于暗处,时而出现于偏僻的区域,时而以和善的面孔混入普通的人群中。在食物严重短缺时,他们选择了这种极端的生存方式。

(五)人同野生动物之间的生存竞争

欲了解古代人与动物之间的冲突,需要结合现代人与动物之间的关系。现代人和动物为何有时和谐相处,有时激烈冲突?如果能正确分析其原因,我们可以用相似的思维方法去了解古代人和动物之间的关系。

人和野生动物的生存竞争是食物严重短缺的生态环境中常见的现象。在历史特大干旱期间,一些大中型肉食动物诸如狼、狗等,如果它们同人进行激烈的生存竞争,会给人们的生命造成较大的危险。数量众多的鼠类在田地和

---

① 田芸生等:民国《新乡县续志》卷4"祥异",第527页。

室内抢夺人们的食物,同时给人们带来疾病,成为病毒传播的媒介。甘肃临洮县,"崇祯十四年,瘟荒并起,人狗相食"①。其真实的场景究竟是什么样的呢?在荒郊野外,残留有一具具被野兽啃食过的人的尸骨。这个时候,几个人在野荒找食,而野狗群也在觅食,如果这两个群体相遇,且狗的数量众多,经过一番武力较量以后,这几个人可能就成了狗群的美餐。如果狗的数量较少,而人的数量多,那这些狗可能会被众人打死,狗肉便成为人们充饥的食物。以上两种可能出现的情形,其场面血腥,目不忍视。

光绪四年,陕西澄城县"狼复炽,伤人甚众"②;山西解县"狼出为患,白昼伤人"③,永济县"是岁多狼,伤妇孺甚多"④。以上文献记述的事实,当时可能有以下场景:在幽静的黄昏,一只狼潜伏在村庄的周围,找机会叼走玩耍的孩童。在人口较少的村庄,当男人下地劳动之后,一只狼或几只狼进入村庄把捕食的目标对准妇女和儿童。或者在静静的夜晚,在一个偏僻的独户村庄里,一家人刚刚入睡。如果群狼入院,破门而入,双方展开武力冲突,人一般不会得胜,家里的所有人便成了群狼的美食。山西长治县"光绪四年,豺狼十数成群,白昼当道,人不敢独行"⑤。光绪四年的长治县,特大干旱造成的灾难仍在持续,生态仍然处于无秩序状态,众多的狼找不到足够的食物,开始猎食独行的人。在当时的环境中,狼同人处于对峙状态,众多的人能够把狼群赶走,但在人少的时候,狼群会抓住机会食人充饥。有时候,在荒郊野外,几个人在逃荒找食,而群狼也在觅食,如果狼的数量众多,狼当然会捕食成功。

鼠和人激烈地争夺食物是旱灾刚刚结束之后出现的现象。崇祯十四年,河南西华县"冬十月,鼠过,猫见则走而避之。时方大饥,穷民皆以鼠为粮"⑥。

---

① 呼延华国等:乾隆《狄道州志》卷11"祥异",第710页。
② 赵邦楹等:民国《澄城县附志》卷11"大事记",第330页。
③ 曲乃锐等:民国《解县志》卷13"旧闻考",第963页。
④ 张元懋等:光绪《永济县志》卷23"事纪",第662a页。
⑤ 光绪《长治县志》卷八"大事记"。
⑥ 顺治《西华县志》卷7"灾祥",张德二《中国三千年气象记录总集》,南京:凤凰出版社,2004年,第1620页。

光绪五年,山西万荣县"鼠千百成群穴处,食苗一夜尽数亩,室内几无完器"[①]。山西芮城的碑文总结为:"五年秋夏略有成,硕鼠横发肆贪残。鼠发屋穿并野处,食我麦兮食我禾。"[②]以上文献说明,当时的鼠害很严重,鼠群到了食物危机的严重时期,它们既出现在田地,又出现在室内。可将当时的场景描述如下:田地禾苗疏,田鼠蠢蠢动,白昼零星来,夜晚成群到。吃掉禾叶,攫走食物。室内情况更糟,房屋多处鼠洞猛增。夜深人静,老鼠出洞,啃破器皿,攫取食物。鼠来猫溜,鼠走猫归。

饥饿的人们想方设法向老鼠夺回食物。文献中还有人挖掘鼠已存食物的记载。光绪五年,山西襄汾县"硕鼠为灾,秋禾半为鼠食,农人有掘鼠穴者,积粟至三五斗,色微黑,食之人多受病"[③]。以上事实进一步说明人与鼠争食的激烈,特别是在秋季农作物即将成熟的时候,二者之间的争夺更为剧烈。

以上事实说明,在旱灾刚刚结束之际,生存能力较强的狼、鼠同人争夺食物、生存空间等,展开了激烈的生存竞争。山西芮城的碑文载:"鼠害未除又遭殃,狼虎下山势莫阻。"[④]汾西县"五年麦有秋,是岁民困少苏,狼鼠相继为灾,奉文搜捕甚多"[⑤],临汾县"五年秋鼠为灾,冬多狼,三五成群,白昼噬人"[⑥]。多种资料显示,对于灾区居民而言,狼来生命危,鼠来食物走,狼鼠相继来,度日更艰难。

三、历史特大干旱期间民众意识的客观分析

民众意识是一个难以下定论的概念。美国凯伊说:"要想很精确地来谈民意,与了解圣灵的工作没有两样。"[⑦]《词源》解释为,"民"即"公众","民众意

---

① 马坚等:光绪《荣河县志》卷14"祥异续",第780页。
② 《光绪丁丑戊寅凶荒碑记》,现存于山西芮城县恩贤生桥,光绪十二年十一月立。
③ 娄道南等:光绪《太平县志》卷14"祥异",第503b页。
④ 《光绪丁丑戊寅凶荒碑记》,现存于山西芮城县恩贤生桥,光绪十二年十一月立。
⑤ 周凤翔等:光绪《汾西县志》卷7"祥异",第70a页。
⑥ 张其昌等:民国《临汾县志》卷6"杂记类",第1101页。
⑦ 引自彭怀恩:《政治传播与沟通》,台湾:风云论坛出版有限公司,2002年,第103页。

识"即民意——人民的意愿,就是公众对某一事物或某一社会现象的普遍观点和看法。法国霍尔巴赫说:"公众是指一个或一个以上的自然人或者法人,根据各国的立法和实践,还包括他们的协会、组织或团体。"[1]由此可知,现代社会谈到的民众意识内涵深刻,在类型上具有多元化的特征。历史灾荒年间的民众意识,其内涵和类型同现在的概念虽然有一定的差距,但存在多方面的相似性或者一致性。因此,以现代民众的意识为基础追溯古人的意识成为下文分析的一个立足点。

(一)追溯古人意识的方法

古人离我们远去,如何追溯他们的意识?针对这一事宜,笔者做了如下的尝试。首先,依据古人的行为推究古人的意识。人的任何行为都受意识的支配,那么历史时期民众的意识可以依据他们的行为来推知。前文分析的人们寻找水以及粮食替代品、艰难地迁往他乡、人们之间的食物争夺、"人相食"以及人同野生动物的生存竞争等种种异常行为是追溯当时人们意识的依据。

以今推古的历史比较法是推测古人意识的一种重要方法。可简单概括为,用现代人的意识推测古人的意识。运用此办法的渠道是多方面的,下面分别论述。现代发生大灾时,灾区人们的意识同古代大灾发生时灾区人们的意识应该有相似之处,故调查现代灾区中灾民的意识有助于这种方法的顺利实施。还有,观念的世代传承是多个地域普遍存在的现象,因此进行充分的社会调查,特别是采访一些老者,了解他们心目中对古代灾荒的记忆和认识,可以了解到古人更多的意识,等等。运用以上方法时,要充分对比现代社会环境同古代社会环境的差异,现代自然环境同古代自然环境的差异,等等。如果这些方面考虑得太少,得出的结论就可能偏离真正的事实。

(二)生存危机驱使下的背井离乡意识

在北方典型的农耕区,如果气候条件正常,百姓会习惯于安居的生活。如

---

[1] [法]霍尔巴赫:《自然的体系——或论物理世界与精神世界的法则》(上),管士滨译,北京:商务印书馆,1999年,第259—260页。

果特大干旱降临且持续时间较长,出现粮食绝收导致食物短缺时,人们便有了离开灾区的意识。当遍地盗起,或者爆发战争时,人们同样会有离开乱区的意识。光绪三年,陕西铜川"大饥,人相食,卖妻鬻子,逃甘肃者无数"①,河南南阳县"大饥,人多饿死,乡民远逃,村落空虚"②。以上文献反映的事实之一是:一部分人离别故土、远走他乡。这些行动是背井离乡意识所驱动。

背井离乡的意识对于不同区域的人们来讲,其程度差别较大。以下将河南居民和山西居民的离乡意识作对比。在《中国三千年气象记录总集》③中,有关于光绪三年北方大部分县的灾情记录,在河南条下记述"乡民远逃""流亡载道""村落空虚"的有16个县;而在山西条下记录"离乡""流亡"的有6个县。对此作如下的分析:在此次大灾中,河南地区的人们向他乡迁移的情况要更多一些。河南一带自古以来就是"南来北往""东进西出"的交通要道,来自四面八方的人们能够传递外界的多种信息。生活在这里的人"迁移"意识较强,这种迁移意识与历史发展有关。在历史上,河南地区旱涝灾害频繁,兵灾战乱年份较多,生活在这里的人们迁进迁出频繁。在人们的观念中,"搬迁"已经成为平常事,代代相传之后,自然积淀了较强的"迁移"意识。在这种意识的驱动下,一旦大范围的灾难出现,人们就自然踏上了远离故土的征途。还有,河南相对开阔的地域使人们产生了对远方的遐想,产生了到达远方能过美好日子的憧憬。从笔者在河南的田野调查得知,现代的河南居民也喜欢走向四面八方,寻找多种就业或创业的机会。

与此相对的是,山西居民的意识有所不同。山西地貌条件复杂,由于一座座大山的阻隔,形成了相对封闭的自然环境,阻挡了人们走出灾区的信念。当灾情特别严重之时,祖祖辈辈固守祖坟、不离故土的观念把大多数人束缚在灾区,人们在有限的环境中寻找生存的机会。由此可知,山西居民背井离乡的意

---

① 民国《同官县志》卷14《合作救济志·社会救济》,张德二:《中国三千年气象记录总集》,南京:凤凰出版社,2004年,第3368页。

② 张嘉谋等:光绪《南阳县志》卷12"杂记",第1391页。

③ 张德二:《中国三千年气象记录总集》,南京:凤凰出版社,2004年,第3362—3377页。

识相对于河南居民较为淡薄。

总的来说,在历史特大干旱期间,众多灾民由于受背井离乡意识的支配,采取了一系列流亡他乡的行动。行动的结果是,有的人走出了困境,找到了生存的机会和条件,而有的人则永远消失在了寻找生存机会的道路上。

(三)谋求活命的违背伦理道德的生存意识

在特大干旱期间,违背伦理道德的生存意识从民众的多种行为中表现了出来。崇祯十三年,河南兰考县"集有人市,妇女一口,百钱可易"①。妇女被随意买卖,这是对社会伦理道德秩序的冲击。但在灾荒年间,这还是相对仁慈的违背道德的做法,一些人这样做是为了得到钱财而求得生存。

当饥饿或者恐怖的生存竞争危及生命的时候,求得活命是人们的第一选择,此时的人们对社会诸多方面关注较少。食物和水在哪里?人们围绕寻找生活物资在当时的环境中奔波。该向哪里走,哪里最安全?这是他们首先考虑的事情,因为保护生命最重要。不要被强盗所杀,防止狼等野兽的袭击等,这是当时民众特别关注的事情。崇祯十三年,山西潞城县"父子、兄弟、夫妇互相杀食,僻巷荒郊无人敢独行"②。人们之间的亲情关系也失去了,变成了赤裸裸的生物之间的互相争食、捕食关系。山东冠县"有自食儿女者,有买死人而食者,有掘新尸而食者,有杀活人而卖者,行人路绝,一村之中不相往来"③。当时惨不忍睹的场景遍布各地,人类文明时期出现了短暂的野蛮再现阶段。

崇祯十三年和十四年、光绪三年和四年,在北方地区的多个地域,河流干涸、草木枯萎、赤地千里,饥渴和瘟疫流行导致众多人口死亡。原有的社会秩序早已混乱,饥民之间的冲突成为常见的现象,很多文人未能记载的史实在北方大地上一幕幕地发生。在人们的心目中,王朝的王法早已丢弃,"杀人偿命,损人赔偿"这种公平的道德观念已经消失了,人与人之间相互尊重的伦理道德观念更不存在了。人们当时的主要意识是:不要饿死和渴死,不要病死,想办

---

① 纪黄中等:民国《仪封县志》卷1"祥异",第85页。
② 申伯等:康熙《潞城县志》卷8"灾祥",康熙四十五年刻本。
③ 赵锡书等:道光《冠县志》卷10"祲祥",第1544页。

法活下来。受这些意识的支配，人们结成团伙在有机质和水都即将枯竭的土地上寻找食物和水，竭尽全力寻找生存的机会，在求生本能的驱使下，他们抛弃了道德、抛弃了文明，出现了争夺食物、"人相食"等种种异常行为。

如果要复原特大干旱期间的历史，用现代伦理道德以及文明的思维方式去思考当时民众的行为，得出的结论同真正的历史事实就可能相差甚远，因为当时民众的很多行为是受谋求活命的违背伦理道德的生存意识所支配。

(四) 寻求依托的归宿意识及意识的升华

本文中所说的民众的归宿意识指的是民众在乱世期间投靠于某一军事集团或其他团体前的主观想法。当特大旱灾导致社会混乱，特别是军事集团之间争霸到一定程度，众多民众就会选择安全生存，就有了归宿意识。由于民众来源于社会的不同阶层，他们各自的经历、思想差异较大，导致他们产生归宿意识的原因相差甚远。

"胸怀抱负"是一些知识分子的归宿意识。一些曾经做过官的、看清世道的知识分子，他们一边观察各个军事集团之间的较量结果，一边思考该归宿于哪路人马，一边等待归宿的时机，从而找到实现自己抱负的机会。在明末，当李自成的队伍壮大之时，一些知识分子便投身到这支队伍中来，比较著名的是牛金星，他是"天启丁卯科举人"[1]。这一类人往往在各个军事集团较量的后期阶段寻找自己的归宿。

"身强力壮"是部分人在乱世得以生存发展的有利条件。他们产生归宿意识的原因：一些体格强壮的人，在冷兵器时代有发展的优势，在乱世更是能够充分利用自己的天赋，达到生存和发展的目的。崇祯十三年，河南商水县"群盗蜂起，壮者皆从贼去，其余老弱相食"[2]。由该文献得知，在乱世，人们体质的差别有时能决定各自的命运。壮者寻找归宿一些军事集团的机会较多，可以利用自己的体能优势在打斗中发挥自己的特长。弱者只能在有限的环境中寻

---

[1] 王登魁：康熙《汝州全志》，卷5下"选举"，康熙三十四年刻本。
[2] 顺治《商水县志》卷8纪事志，张德二《中国三千年气象记录总集》，南京：凤凰出版社，2004年，第1603页。

找食物,寻找生存的机会,以维持暂时的活命。

个人生存困难使众多民众产生归宿意识。数量最多的归宿者是将要走入绝境的民众,当他们走投无路的时候就会为活命去寻找暂时的归宿。如果灾情发展到一定程度,或者社会动乱到一定程度,依靠个人或小的群体,人们已经没有办法生存时,数量众多的人会被迫投靠规模较大的武装集团以达到生存的目的。以下以崇祯末年遭遇灾荒及参加暴动的民众为例进行分析。

崇祯十三年秋天,李自成起义队伍进入河南。① 当时困境中的民众最难得到的是食物、美好的希望以及战胜困难的信念。起义队伍的到来使流浪的饥民有了办法得到食物,同时人心有了归宿,生存的希望与信念开始建立。起义领袖李自成出身于社会下层,他了解民意。他懂得这样一个道理:顺民心,才能得到民众的拥护。李自成队伍凝聚人心的口号很响亮:"杀牛羊,备酒浆,开了城门迎闯王,闯王来了不纳粮。"②这样的口号,被受饥渴困扰的百姓听到,他们不仅生存的信念增强,而且对以牛羊、酒浆为食的美好生活产生了憧憬。为了实现心中的信念,参加闯王的队伍便成了自然而然的事了。队伍的口号、他们劫富济贫的行为深深地吸引了在生死线上挣扎的众多灾民,当灾民们将要走向绝境的时候,无疑找到了归宿。

崇祯十三年秋天,李自成的队伍进入河南时仅一千人左右,到十五年闰十一月南下湖广时,已发展为几十万人的队伍。③从另一个角度来看,李自成当时的队伍是北方地区几十万饥民的联合,是希望走出困境、度过灾荒、向往过太平日子的一颗又一颗心的大凝聚。客观地讲,当饥饿的民众碰到明朝官兵,如果官兵需要扩充兵力且主动收留他们时,这些人大多是愿意加入的。原因很简单,找到吃饭的地方了,有暂时的归宿了。同样的道理,饥饿的民众同清军相遇,如果军方接纳他们,大多数人也会愿意归宿。因此,渴望生存是饥饿民众最主要的意识,先想办法活下来是当时的生态和社会条件下人们的第一选择。

---

① 张福永续:康熙《内乡县志》卷10"兵事",康熙五十一年刻本。
② 张岱:《石匮书后集》,卷63《盗贼列传》。
③ 《明清史料》乙编,第10本,第980页。

战争形势的变化是导致民众意识升华的主要因素。加入暴动队伍的民众,他们起初的意识只是为了求得生存。当队伍的规模扩大之时,一些人的想法是如何在军中取得更高的地位。一些人归宿队伍后,苦于军中战事,找机会逃离了队伍。还有一些人在队伍遭受挫折,或者在军队发展低潮之时,见风使舵背叛了原来的队伍。天启七年(1627)、崇祯元年(1628),一些民众在陕西暴动,经过十余年发展,各地民众暴动整体呈壮大的发展趋势。崇祯十年(1637),"三月平贼计划"实施以后,各地暴动的队伍遭到了很大的挫折,于是明朝廷顺势推出了接受暴动队伍受抚的政策。①"崇祯十一年下半年到十二年五月,农民军中投降受抚之风一时甚嚣尘上,整个农民战争暂时转入低潮。"②

之后,随着暴动队伍发展壮大,更多的人希望得到高官厚禄,盼望荣华富贵早日到来。于是,军事集团内部不同级别的统帅为得到权力而进行激烈的争斗,派与派之间出现了相互残杀的情况,首领之间不断地争夺霸权。崇祯十六年(1643),以李自成为主帅的队伍在湖广胜利进军之时,除掉了罗汝才和贺一龙,同时平定了一些小规模的叛乱,使队伍走向统一。③ 随着各地暴动队伍势力的扩张,李自成和张献忠相继建立政权。原来参加队伍的普通民众,一部分人成了军中或地方的官员。

由以上事实可知,跟随队伍的民众起初为了得到食物求得生存,于是加入队伍得到归宿。之后一部分人由于害怕战事逃离了队伍,还有的群体集体"受抚"投降朝廷。在后期阶段,随着一些人在军中的地位提高,他们为了争得权力以及扩充自己的势力,于是军中派系争斗愈趋激烈。民众的种种行为显示,他们的意识受当时战争形势变化的影响而发生了大的升华,且升华向着多个方向,并且有多种表现形式。

笔者深入解读文献,走进民间,走向田野,模拟灾荒期间的场景。追溯历史特大干旱期间民众的行为和意识,笔者遵循以文献、考古资料和古文字等为主要依据的史学研究的原则,在充分利用以地方志为主的地方文献资料的基

---

① 《杨文弱先生集》卷19《请旨责成剿贼第一事疏》。
② 顾诚:《明末农民战争史》,北京:中国社会科学出版社,1984年,第102页。
③ 孙承泽:《春明梦余录》卷42"流贼"。

础上,拟找到历史文献与历史场景的连接方式。基本方式是:以现代史学理论作为研究准则,对文献资料进行深入解读,通过社会调查和观察寻找同历史事实相关的场景。

在现代场景中寻找特殊时空,以模拟再现历史时期的片段场景,拟寻找更接近历史事实的东西。在现代环境中找到特殊的时空,研究者身体力行置身其中。如亲临田野,了解地貌和水系,感受当地的气候,置身于一定的自然环境中模拟灾荒场景;同时发挥想象,体验置身于其中的感受,可以深刻体会处于灾荒环境中的人们的心理感受以及出现种种反常行为的原因等。利用历史片段场景的模拟再现方式,能够探寻到比文献资料的表述更为逼真和细化的东西,它们也许更接近当时的历史事实。

运用历史场景的再现方式,追溯历史灾荒年间民众的行为。在崇祯末年和光绪初年的特大干旱期间,以及类似这样的特大干旱发生期,中国北方地区民众的行为和意识都有异常的表现。在特大干旱期间,由于生态环境恶化,人们竭力寻找水以及粮食替代品,部分人艰难地迁往他乡,人们之间出现食物争夺,人和野生动物之间进行激烈的生存竞争,多地出现"人相食"现象。由于文献记述的相关言辞较少,多数读者很难想象出真实的场景。通过历史片段场景的模拟再现,可以探寻文献无法记述的一些场景,特别是能够探寻一些惨不忍睹的场景。这样做有助于深层次理解文献记载的一些事实,进一步了解当时民众的真实行为,能够弥补文人记录的不足。

依据历史特大干旱期间民众的种种异常行为,结合"以今推古"的历史比较法,对特大干旱期间民众的一些意识进行了分析。背井离乡的意识和违背伦理道德的生存意识为灾荒初期阶段民众的主要意识,这些意识导致了人们之间的食物争夺、"人相食"等异常行为的出现。在社会大动荡持续一段时期以后,当出现军事集团之间的争霸时,社会多个阶层的民众就有了归宿意识。随着时间的推移以及战争形势的变化,民众意识发生了大的升华,且升华是向着多个方向,并且有多种表现。

第二章　崇祯末年北方地区生态异常及社会影响

崇祯末年,中国北方大部分地区出现了连年大旱的气候异常现象。"从气候背景来看,崇祯大旱发生在小冰期的盛期,属于寒冷气候背景下的典型灾例。"①由于气候异常变化导致气候灾害频发,华北多地旱灾严重,东北多种气候灾害连年发生,北方大部分地区的生态环境遭到严重破坏。

一、特大干旱与水循环异常

水是生态环境中最活跃的因素,也是变化最快的因素,水循环是否正常同气候变化有直接的关系。

北方地区气候异常。天启七年至崇祯三年(1630),陕西地区连年大旱。②该区域大部分位于森林和草原的交界地带,生态环境脆弱。连年大旱使这一带的生态环境遭到破坏。文献如此记载:"崇祯改元之岁(1628),秦中大饥,赤地千里。"③崇祯十年(1637),山西、直隶大旱。从十一年起,干旱的范围逐渐扩展,十年、十一年、十二年、十三年、十四年,华北的多个省份和江淮地区的部分省份连年大旱,十三、十四年旱灾尤其严重,而以十三年最重。④以下文献资

---

① 张德二:《相对温暖气候背景下的历史旱灾——1784—1787 年典型灾例》,《地理学报》,2000 年 11 月第 55 卷增刊,第 106 页。
② 中央气象局气象科学研究院:《中国近五百年旱涝分布图集》,北京:地图出版社,1981 年,第 84—86 页。
③ 《鹿樵纪闻》卷下。
④ 中央气象局气象科学研究院:《中国近五百年旱涝分布图集》,北京:地图出版社,1981 年,第 89—91 页。

料进一步证实这些事实:崇祯十年,"夏,两畿、山西大旱"①。十一年,"六月,两京、山东、河南大旱。两京及山东、山西、陕西旱"。十二年,"是岁,畿南、山东、河南、山西、浙江旱。两畿、山东、山西、陕西、江西饥"。十三年,"五月,两京、山东、河南、山西、陕西大旱,蝗。是年,北畿、山东、河南、陕西、山西、浙江、三吴皆饥。自淮而北至畿南,树皮食尽,发瘗胔以食"。十四年,"两京、山东、河南、湖广及宣、大边地旱。是岁,畿南、山东饥"②。由以上文献可知,崇祯初年,陕西一带出现连年大旱。崇祯末年,陕西一带又出现连年大旱,华北多个区域连续四至五年大旱,江淮多地连续二至三年大旱。这些连年大旱的事实是北方地区气候异常的主要表现形式。

干旱导致水循环异常。水循环包括水的自然循环和水的社会循环。水的自然循环是指不受人类活动干预的水循环,包括海陆大循环、陆地内的水循环、海洋内的水循环。主要循环过程是:液态或固态的水在太阳能的作用下变为气态水,在大气层中运行一段时间以后,以雨、雪、冰雹等形式降落到陆地或者海洋表面。降到陆地表面的水一部分成为地表径流和地下径流,另外一部分又蒸发到大气中。水的社会循环与人类生产、生活有关,人们从多种自然水体中摄取水,经过使用后,水的成分发生变化成为污水,有的被直接排入自然环境中,有的经过一定的处理再排出,排出的污水最终进入自然水体中,完成循环过程。

水的社会循环对水的自然循环影响很大。随着人类活动规模扩大,水的社会循环系统的规模也不断扩大,对自然水循环的影响将会进一步加强。当特大干旱发生时,自然水循环出现了非正常运行,或者是在一定的时空自然水循环出现了暂时的中断。这个时候,水的社会循环系统缓慢运行,人们的行为秩序受到严重影响。水的自然循环非正常运行主要表现为:降水极少,河流枯竭,地下水位下降幅度大,地表水分蒸发缓慢,植物蒸腾作用变弱等。水的社会循环系统运行缓慢表现为:生产用水供应严重不足,一些产业由于缺水被迫停产;生活用水紧缺,多个地域出现严重水荒等。

---

① 张廷玉等:《明史·庄烈帝纪》,上海:中华书局,1974年。
② 张廷玉等:《明史·五行志》,上海:中华书局,1974年。

崇祯末年，北方地区水循环异常。水的自然循环系统不是一直处于常态，崇祯末年发生的特大干旱打破了这种常态，以下文献记载了这些事实。崇祯十一年，山西大宁县"马斗关黄河清，凡三十里"①。陕西潼关县"黄河清"②，绥德县"河清，旱"③。山东郓城县"春大旱，井泉大竭"④，阳谷县"春大旱，井泉多竭"⑤。河南汝南县"夏，城内井干"⑥，嵩县"大旱，川竭井涸"⑦。

崇祯十二年，山东益都县"秋七月，水涸"⑧，诸城县"夏六月，旱蝗，潍水断流"⑨。河南沁阳县"旱，沁水竭"⑩，武陟县"大旱，沁水竭"⑪，夏邑县"大旱，池水消涸逾半"⑫。

崇祯十三年，山西"绛州、曲沃、太平、汾、潞漳水竭"⑬，汾阳县"大旱，汾水竭"⑭，潞城县"二月，漳河竭"⑮，曲沃县"春三月，大旱，汾浍俱竭"⑯。直隶安新县"白洋淀竭"⑰，宁晋县"大旱，川泽竭，井涸"⑱，清河县"六月，清河涸"⑲。

---

① 刘源涑等：雍正《大宁县志》卷7"祥异"，雍正八年刻本。
② 杨端本等：康熙《潼关卫志》卷上"祥异"，康熙二十四年刻本。
③ 郝鸿图等：顺治《绥德州志》卷1"灾祥"，顺治十八年。
④ 赵肃等：康熙《郓城县志》卷7"灾祥"，康熙五十五年刻本。
⑤ 王守谦等：光绪《寿张县志》卷10"灾祥"，光绪二十六年刊本。
⑥ 纪国珍等：顺治《汝阳县志》卷10"外纪"，顺治十七年序刊本。
⑦ 李滋等：康熙《嵩县志》卷10"灾异"，康熙三十二年刻本。
⑧ 钟谔等：康熙《益都县志》卷10"灾祥"，康熙十一年刊本。
⑨ 李文藻等：乾隆《诸城县志》卷2"总纪"，乾隆二十九年刊本。
⑩ 萧家蕙等：康熙《河内县志》卷1"灾祥"，康熙三十二年刻本。
⑪ 杜之丛等：康熙《武陟县志》卷1"灾祥"，康熙三十年刻本。
⑫ 黎德芬等：民国《夏邑县志》卷10"灾异"，民国九年石印本。
⑬ 储大文等：雍正《山西通志》卷163"祥异"，雍正十二年修刊。
⑭ 赵日昌等：康熙《汾阳县志》卷7"灾祥"，康熙六十年刻本。
⑮ 申伯等：康熙《潞城县志》卷8"灾祥"，康熙四十五年刻本。
⑯ 曹斌等：康熙《曲沃县志》卷28"祥异"，康熙四十五年序刊本。
⑰ 房循矱等：康熙《安州志》卷8"祥异"，康熙十九年刻本。
⑱ 万任等：康熙《宁晋县志》卷1"灾祥"，康熙十八年刻本。
⑲ 卢士杰等：康熙《清河县志》卷17"灾祥"，康熙五十七年增刻本。

河南安阳"岁终无雨雪,井皆涸,长河有断流者"①,偃师县"洛水深不盈尺"②。

崇祯十四年,山西襄垣县"漳河竭"③,河津县"五月,汾河干"④。山东淄博县"龙泉、范泉尽涸,孝妇河十里下亦绝流"⑤,临清县"七月,临清运河涸"⑥。河南郏县"县西北,水泉皆竭"⑦。在这几年间,北方众多地域的相关文献记述了水循环异常的情况。

据以上文献并结合北方地区的干旱资料得知:崇祯十一年出现的"黄河清"说明北方中部地区水循环的规模减弱。山东、河南一带出现的"井干""泉枯"是水循环系统出现异常的表现。十二年,山东、河南夏秋出现的"河水断流""湖泊干涸"说明北方东部地区水循环系统处于异常状态。十三年,北方大部分地区"川泽竭""井皆涸",说明水循环系统出现严重紊乱。十四年,北方多地水循环系统仍处于异常状态,但随着一些地域降水增多,水循环系统进入逐渐修复的过程中。

二、生态系统中其他自然要素的异常表现

在崇祯末年的北方生态环境中,除了水环境变化异常外,其他自然要素也发生了相应的变化。以下列举一些事实。

特大干旱期间的天象异常。大风、沙尘天气往往伴随着干旱而发生,崇祯十一至十四年,每年春季大风强劲,持续日数长。以下是这几年间北方地区大风、沙尘天气的相关记载。

崇祯十一年,河南开封县"三月二日,昼晦,大风扬沙,屋宇皆赤,四日乃

---

① 康熙《彰德府志》卷17"灾祥",张德二《中国三千年气象记录总集》,南京:凤凰出版社,2004年,第1602页。

② 艾元复等:顺治《偃师县志》卷2"灾祥",顺治十六年刻本。

③ 杨彬等:康熙《重修襄垣县志》卷9"外纪",康熙四十五年刻本。

④ 乔集鹓等:乾隆《河津县志》卷8"祥异",乾隆四十八年刻本。

⑤ 田士麟等:乾隆《博山县志》卷4"灾祥",乾隆十八年刻本。

⑥ 张廷玉等:《明史·庄烈帝纪》,上海:中华书局,1974年。

⑦ 仝轨等:康熙《郏县志》卷1"灾异",康熙三十三年刻本。

止"①,通许县"秋冬每日晡,西方赤光蔽天"②,确山县"春正月乙丑朔,红风蔽天,白昼如晦"③。直隶河间县"春三月朔,怪风拔树"④,饶阳县"四月望后三日,黑雾四塞"⑤。陕西三原县"大霾,黑气冲天"⑥。

崇祯十二年,山西广灵县"春,大风昼晦"⑦。河南兰考县"日赤,自十二年至十五年,日常赤如杯血"⑧,汲县"三月,大风,沙霾昼晦"⑨。直隶宣化县"春,镇城大风昼晦"⑩,迁安县"春三月,下黄沙,白昼如夜"⑪。

崇祯十三年,山西临猗县"春大旱,大风,麦苗尽枯"⑫。河南兰考县"春大风,是岁自闰正月以后,或三日一风,或五日一风,午后红云从西北起,申、酉间飞沙扬尘,声如雷震,至亥、子方息,次日萧条之景绝不堪观"⑬。直隶正定县"春正月,大风,至四月方止"⑭,昌平县"春二月,风霾"⑮。京师一带"正月丁卯,黑气弥空者三日"⑯。陕西关中一带"五月至七月,每晨天红如赭"⑰。山东

---

① 黄正色等:顺治《陈留县志》卷11"禨祥",顺治十六年刻本影印。
② 康熙《通许县志》卷10"灾祥",张德二《中国三千年气象记录总集》,南京:凤凰出版社,2004年,第1575页。
③ 李景堂等:民国《确山县志》卷20"大事记",民国二十年铅印本。
④ 杨九有:康熙《河间县志》卷11"祥异",康熙十三年刻本。
⑤ 田敬宗等:顺治《饶阳县后志》卷5"事纪",顺治三年刻本。
⑥ 刘绍攽等:乾隆《三原县志》卷9"祥异",乾隆四十八年刻本。
⑦ 王五鼎等:康熙《广灵县志》卷1"灾祥",康熙二十三年刻本。
⑧ 王旦:康熙《兰阳县志》卷10"灾祥",康熙三十四年铅印本。
⑨ 苏文枢等:顺治《卫辉府志》卷19"灾祥",顺治十六年增刻本。
⑩ 陈坦等:康熙《宣化县志》卷5"灾祥",康熙五十年刻本。
⑪ 郭联等:康熙《迁安县志》卷7"灾祥",康熙十八年刻本。
⑫ 王恭先等:康熙《临晋县志》卷6"灾祥",康熙二十五年刻本。
⑬ 王旦等:康熙《兰阳县志》卷10"灾祥",康熙三十四年铅印本。
⑭ 陈谦等:顺治《真定县志》卷4"祥异",顺治三年刻本。
⑮ 潘问奇:康熙《昌平州志》卷26"纪事",康熙十二年刊本。
⑯ 张廷玉等:《明史·天文志》,上海:中华书局,1974年。
⑰ 李楷等:康熙《陕西通志》卷30"祥异",康熙六年刊印。

历城县"二月日出如血,大风霾"①,乐陵县"二月,大风霾"②。

崇祯十四年,河南太康县"黑风入城,白昼顿晦"③。山东临朐县"正月恒霾恒寒。三月辛巳,大风霾"④,邹县"三月无雨,怪风频起"⑤。

特大干旱发生的过程是大气环境剧烈变化的过程,出现多种异常天象。从崇祯十一年至十四年,春冬季节大风日数多,一些地方在夏秋季节也出现大风天气,大风常伴随有扬沙。扬沙天气多与干旱环境下地面植被稀疏容易遭受风化侵蚀有关。"黑气弥空""黑雾四塞"多与扬尘天气有关。天空中的沙尘如果有较浅颜色的地面背景衬托,就出现了"黑气弥空"的景观。远处的近地面的沙尘,有时看起来就是"黑雾"。出现"屋宇皆赤""红风蔽天""天红如赭"可能与太阳活动剧烈有关。太阳活动剧烈时发射出高能粒子,这些粒子同地球磁场相互作用发出不同颜色的光。这些光线同太阳漫反射光线叠加,其中波长较长的红光反射较多,使天空出现红色。

"怪风"出现频次较多,多数情况下属于现代气象学里谈到的"旋风"和"龙卷风"。"旋风"属于小型气旋,是水平运行的气流受到阻挡后气流方向发生改变而形成的。"龙卷风"多与干旱环境相关。在干旱环境下,地面温度和近地面气温较高,导致近地面大气强烈上升。当上升气流到达高空,遇到很大的水平方向上的风,迫使上升气流向下倒转产生旋涡。随着上升气流的增多,旋涡持续扩大,形成空气旋转柱不断向下延伸,最后触及到地面,形成移动的"龙卷风"。

以上天象异常的种种表现,给生态环境带来了不稳定性,甚至造成一定程度的破坏,有时造成一些灾难。

动物异常行为多种多样。特大干旱使生态环境遭受严重破坏,很多动物

---

① 宋祖发等:崇祯《历城县志》卷16"灾祥",崇祯十三年刻本。
② 郑成中等:乾隆《乐陵县志》卷3"祥异",乾隆二十七年刊本。
③ 康熙《太康县志》卷8"灾祥",张德二《中国三千年气象记录总集》,南京:凤凰出版社,2004年,第1620页。
④ 尹所遴等:康熙《临朐县志书》卷2"灾祥",康熙十一年刻本。
⑤ 娄一均等:康熙《邹县志》卷2"灾乱",康熙五十五年刻本。

原有的栖息环境被破坏,被迫寻找新的栖息环境。一些动物原有的食物链被打破,为了得到生存的食物,改变了原来的行为方式。这些异常行为能够从以下文献中得到证实。

崇祯十一年,直隶怀来县"夏四月,大雪,南山羊冻死殆尽"[①],宣化县"六月甲寅,宣府乾石河山场雨雹,击杀马骡四十八匹"[②]。

崇祯十二年,山西沁源县"六月二十一日,大风雹,拔木伤稼,牛马多死"[③]。陕西凤翔县"多大鼠,累累成群,入人家食小儿,入牛腹食牛脏腑"[④]。

崇祯十三年,直隶景县"狗猫食青草,牛食砖瓦"[⑤]。河南安阳市"群狼队形如外城,终夜鬼哭,日以为常"[⑥],临汝县"鸟雀皆南飞,树巢一空。郏县有鼠千百为群,渡汝逾山而南"[⑦]。山东平度县"沙鸡满天"[⑧],即墨县"沙鸡遍野"[⑨]。甘肃临洮县"瘟荒并起,人狗相食"[⑩]。

崇祯十四年,直隶献县"猫犬皆食草,牛犊衔瓦砾食之"[⑪]。河南开封市"有鼠千百成群,渡河南去"[⑫],淮阳县"蓬蒿遍野,是年,鼠千百成群,渡河南去"[⑬],西华县"冬十月,鼠过,猫见则走而避之。时方大饥,群民皆以鼠为

[①] 许隆远等:康熙《怀来县志》卷2"灾异",康熙五十一年刻本。
[②] 张廷玉等:《明史·五行志》,上海:中华书局,1974年。
[③] 韩瑛等:雍正《沁源县志》卷9"灾祥",雍正八年刻本。
[④] 韩镛等:雍正《凤翔县志》卷10"灾祥",雍正十一年刻本。
[⑤] 张汝漪等:民国《景县志》卷14"史事",民国二十一年铅印本。
[⑥] 康熙《彰德府志》卷17"灾祥",张德二《中国三千年气象记录总集》,南京:凤凰出版社,2004年,第1602页。
[⑦] 白明义等:道光《直隶汝州全志》卷9"灾祥",道光二十年刊本。
[⑧] 李图等:道光《重修平度州志》卷26"大事",道光二十八年刻本。
[⑨] 周翕镰等:同治《即墨县志》卷11"灾祥",同治十一年刻本。
[⑩] 沈青崖等:乾隆《狄道州志》卷11"祥异",乾隆二十八年刻本。
[⑪] 薛凤鸣等:民国《献县志》卷19"故实",民国十四年刻本。
[⑫] 张沐等:康熙《开封府志》卷39"祥异",康熙三十四年刻本。
[⑬] 崔应阶等:乾隆《陈州府志》卷30"杂志",乾隆十一年刻本。

粮"①,扶沟县"遍地生鼠,猫过之不顾"②。山东高唐县"有鼠千百成群,食禾立尽"③。

崇祯十五年,河南许昌县"硕鼠数十成群,人间有食之者"④,郾城县"夏五月,城东台陵地方一日有蝎子夜出,群如行蚁"⑤。

由以上文献得知,在干旱环境中,动物和人的生存竞争表现得很激烈。如一些动物抢食田里的庄稼,鼠类表现最为明显,它们还偷食屋舍中的存粮。鼠类在特大干旱环境中表现出异常的生存能力,食小儿,食牛的内脏。在一些区域,由于个体数量众多,群鼠集体渡河逾山,去寻找新的生存环境。在食物短缺的环境中,人的生物特性表现得更为明显,为求得生存,一些人甚至以狗为食、以鼠为食。

在特大干旱环境中,一些动物表现出了难以想象的异常行为,如狗猫吃草,牛食砖瓦。在食物短缺的情况下,这些动物尝试寻找食物替代品。具有长距离飞行能力的飞鸟多迁往他乡。蝎子集体离开原来的环境,去寻找维持生存的食物。沙鸡是一种习惯生活在荒漠中的动物,由于干旱持续时间较长,中原一带成为荒漠、半荒漠地带,恰好成为它们理想的生存环境,出现了"沙鸡遍野"的景观。

此外,一些极端天气现象致使一些动物身亡。在特大干旱的环境背景下,极端天气现象增多。如5月下大雪,冻死牛羊等牲畜。在一些局地环境中,由于空气对流强烈,雨雹降落导致骡马等牲畜死亡众多。以此可以推知,野生动物被雨雹杀死或者冻死的数量也是很多的。

这些动物对灾难的发生做出了种种反应,它们竭力在脆弱的生态环境中寻找生存的机会。这些动物的异常行为说明,特大干旱使区域生态环境发生重大变迁,但动物的异常行为在时间上相对滞后于气候的变化。

---

① 吴中奇等:顺治《西华县志》卷7"灾祥",顺治十六年刻本。
② 崔应阶等:乾隆《陈州府志》卷30"杂志",乾隆十一年刻本。
③ 刘佑等:康熙《高唐州志》卷9"灾异",康熙十二年刻本。
④ 甄汝舟等:乾隆《许州志》卷10"祥异",乾隆十年刻本。
⑤ 阎举等:顺治《郾城县志》卷8"祥异",顺治十六年刻本。

致疫微生物横行于生态环境中。在特大干旱持续期间,人和动物大量死亡,死尸横野,导致微生物的繁殖速度加快。致疫微生物在新的生态环境中空前横行,使大量的人口死亡,形成大范围的流行瘟疫。总结相关的文献资料[①]得知:崇祯十二年,山东4县、河南1县有瘟疫记载,瘟疫开始在一些地域出现。崇祯十三年,各地记载瘟疫的情况是:直隶3县;山西2县;陕西2县;山东2县;河南8县。说明瘟疫在一些地域开始扩散。崇祯十四年,记载瘟疫的情况是:直隶19县;山西2县;陕西3县;山东24县;河南46县。可以看出北方地区出现了大范围的流行瘟疫,且流行速度较快,死伤人数多。崇祯十五年,记载瘟疫的情况是:直隶6县;陕西1县;山东2县;河南1县。说明流行瘟疫基本过去。

由以上生态环境中多个自然要素发生变化的事实可知,连年干旱使生态环境发生了重大变迁。天象异常主要表现为:连日大风、沙尘天气增多,天空多出现红色,旋风、龙卷风频发等。降水异常减少导致井泉干枯、河川断流,水循环出现异常。食物和水的短缺使动物的生存出现危机,大量野生动物迁徙、死亡,动物之间以及人与动物之间生存竞争加剧,多种动物出现了异常行为。动物和人大量死亡,尸体暴露于野外,为微生物繁殖提供了条件。致疫微生物横行导致瘟疫流行,导致人和动物的死亡人数持续增加。种种事实表明,在华北及西北的一些地区,生态环境发生了重大变迁。

除了华北、西北一些地区出现连年特大旱灾外,王景泽认为,明代末年东北气候灾害也频繁发生。虽然与东北相关的直接历史文献资料较少,但王景泽通过对明朝和朝鲜的文献资料和后金建立以后所留下的片言只语研究得知,明末在纬度较高的东北出现旱灾、冻灾、雪灾等多种灾害并存且发生的频率较高。[②]崛起于松花江流域的女真族,世代以狩猎、畜牧为生,在明代末年的干冷气候期间,由于多种气候灾害的发生,很多动物迁徙或死亡,生态环境发

---

① 张德二:《中国三千年气象记录总集》,南京:凤凰出版社,2004年,第1577—1630页。

② 王景泽:《明末东北自然灾害与女真族的崛起》,《西南大学学报(社会科学版)》第34卷第4期,2008年7月,第48—53页。

生了重大变迁,整个民族出现了严重的生存危机。

从以上分析得知:崇祯末年大范围的气候异常变化导致气候灾害频发,使明朝疆土的北方地域的生态系统遭受严重破坏;生态灾难导致当时以农耕、畜牧为主的社会陷入严重紊乱状态,于是众多气候难民产生,或者说众多生态难民出现,相继引发了一系列社会问题。

三、社会动荡与环境变迁

崇祯年间剧烈的社会动荡,导致了生态环境的变化,也引发了社会环境的变迁。

(一)社会动荡的自然环境效应

社会动荡的环境效应包括两个方面:一方面,冲突和战争使生态环境遭到破坏。另一方面,致使生态环境中的顶级消费者(人)大量死亡,减轻了生态环境的压力。

战争破坏自然生态环境。在整个崇祯年间,民众暴动接连不断地在各地兴起,暴动队伍与官军大大小小的流血冲突不断。清军多次入侵关内,最后大规模地入关,引发了多次战役。在后世的文献中,很难找到关于战争破坏生态环境的相关内容。但是,我们可以通过战争的地域和规模推知战争对生态环境的破坏情况。

从天启七年(1627)到崇祯十七年(1644),民众暴动有整整十八年的发展历史。在发展的中后期,他们的作战经验不断丰富,进退有方,进则攻打官府、衙门,退则进入山中。如果从时间上来说,暴动队伍在山区停留时间较长,这样利于隐蔽。而众多人马在山区需要取暖和煮食,一定会消耗大量的草木。大规模的人群进入森林,大量动物被人们捕获,因为野生动物是战争中人们的一种食物来源,其余动物被人们惊吓而迁移。人类的捕杀、人马的践踏等对生态环境都具有很大的破坏作用。在当时的冷兵器时代,制造兵器需要很多木料,修造船只需要木料,修筑桥梁需要木料,攻城架梯的建造需要木料,需要大量砍伐树木。在暴动队伍发展的中后期,规模很大。如李自成第一次攻打开封,"带精兵三千,步卒三万"①。他率部南下湖广时,"率主力四十万人"②。而张献忠等其他队伍也有较大的规模,明朝官兵的规模一直很大。因此,崇祯年间大、小规模的战争,破坏了森林、草地,数量众多的动物被捕杀或者被迫迁徙,使生态环境遭受严重破坏。

人口死亡减轻生态环境的压力。在明清小冰期这种宏观的气候背景下,到了明末,气候变冷变干趋势更加明显。③ 在中国北方地域的有限土地上,农耕和畜牧为主要行业。由于经济类型相对单一,整个社会对灾害的抵御能力较低。当气候变冷变干时,单位土地上的人口承载力大幅度降低,特别是当特大气候灾害发生的时候,绿色植物创造的有机质迅速减少。而明代多年的社会稳定和经济发展,导致明末人口数量众多,于是整个生态系统陷入了严重的不平衡状态。人是生态环境中重要的组成部分,属于顶级消费者。在这种情况下,多个地域出现食物严重短缺的现象,而社会上多余的粮食集中在少数人手中,因此食物争夺不可避免。从这个角度来分析,社会动荡是生态秩序紊乱的标志,其过程是生态秩序调节的过程。

由于冲突和战争不断,出现了自然性和社会性两种人口淘汰的方式,而两种方式往往结合在一起。饥荒年间人口优存劣汰的过程是一种人口的自然淘汰方式。当一群群饥民奔波于找食的途中,一些老弱病残由于得不到食物而死亡,这种优存劣汰的规律体现得很明显。因此,在食物争夺中被淘汰的人弱点多,而生存下来的人应该有自己的优势。

大规模的武力冲突和战争是一种人口的社会淘汰方式。打仗胜败双方都要死伤大量的人,而参战的多是身强力壮的年轻人。多人死于瘟疫是自然性和社会性两种淘汰方式相结合的表现。从崇祯十三年到十六年,由于社会动荡,人口流动规模大,致使瘟疫迅速在北方地区蔓延扩张,很多人因此而死亡。葛剑雄先生研究认为,明清之际,全国人口下降幅度达百分之四十,华北地区

---

① 顾城:《明末农民战争史》,北京:中国社会科学出版社,1984年,第136页。
② 顾城:《明末农民战争史》,北京:中国社会科学出版社,1984年,第164页。
③ 张德二:《相对温暖气候背景下的历史旱灾——1784—1787年典型灾例》,《地理学报》,2000年11月,第55卷增刊。

人口下降幅度高于全国平均水平,至少达到百分之五十。崇祯年间,仅河北、山西、河南三省死亡的人数就达到780万左右。①确实,明朝末年的特大旱灾、战争和瘟疫等导致了众多人口死亡,明末清初出现了人口大断层。也可以说,当时经历了一场人口的自然性大淘汰和社会性大淘汰。

数量众多的人口死亡,究其原因,自然因素和人为因素都必须考虑,以哪种为主,主要考虑处于什么样的环境条件中。在一些以动乱和战争为主的区域,人口的死亡以人为因素为主。在一些干旱特别严重且动乱较少的区域,人口死亡以自然因素为主。部分学者把人口死亡的主要原因说成是官场腐败、救灾失误,这是不符合客观事实的。大量人口死亡是人们主观上不愿意看到的,但是客观上减轻了食物短缺的压力,同时减轻了众多人口对生态环境的压力,维持了生态系统的平衡,加快了生态系统恢复的速度。

(二) 动荡导致社会环境变迁

社会动荡使生态环境发生重大变迁,而社会环境是建立在生态环境基础上的,因此,社会环境必然也会发生大的变化。

天启七年,陕西地区的旱灾使众多百姓民不聊生,为了生存,一些民众发动了暴动。崇祯元年,陕西巡抚御史李应期上奏皇上请求救灾,当时的朝廷没有回应,更没有实施救灾措施。②随着旱灾的延续,饥寒交迫的民众只能自寻出路,越来越多的民众加入了暴动的队伍。他们劫富济贫,使众多饥民找到了生存的办法。崇祯三年,部分暴动队伍进入山西。③四年至九年,全国灾情较少,④但暴动队伍同官军交锋不断,北方大部分地区社会动荡不安。十年至十四年,华北、中原连年特大干旱,⑤于是,遍地的饥民为了得到食物而出现了规

---

① 葛剑雄:《中国人口发展史》,福州:福建人民出版社,1991年,第250页。
② 顾城:《明末农民战争史》,北京:中国社会科学出版社,1984年,第32页。
③ 顾城:《明末农民战争史》,北京:中国社会科学出版社,1984年,第50页。
④ 中央气象局气象科学研究院:《中国近五百年旱涝分布图集》,北京:地图出版社,1981年,第86—89页。
⑤ 中央气象局气象科学研究院:《中国近五百年旱涝分布图集》,北京:地图出版社,1981年,第89—91页。

模不等的生存冲突现象,有时表现为你死我活的流血冲突。伴随着各地暴动队伍再次蜂拥而起,地方豪强割据一方,收罗人马,保护地盘并扩充实力。一些强大的官军势力尽可能保存实力,并不断壮大自己,等待进攻的时机。李自成的队伍在中原一跃发展成为最强大的一支,张献忠的队伍在四川占据一方。紧接着,明官军、暴动队伍与清军三者之间进行了争夺地盘的决斗。总的来说,崇祯年间社会动荡不断,从十年至十七年,社会动荡达到了高峰。

解救了众多劳动力。崇祯末年的特大干旱导致多数人出现食物危机,这个时候,社会上贮存的粮食主要集中在富人、官员等少数人的手中。民众暴动使富人、各级官府多余的粮食被迫快速地拿出,拯救了更多的饥民,而灾荒年间的饥民大多是农业劳动力。在封建文人的笔下,在地主、官僚、王室的眼中,民众暴动队伍是流寇。因为这些队伍的行动危及了他们的生命,损害了他们的多种利益。客观地来讲,暴动队伍的行动,确实损害了少数人的利益,甚至把这些人置于死地。但暴动行动使很多在生死线上徘徊的人得到了维持生命的食物,把这些人从生死线上拉了回来,挽救了众多社会劳动力,利于灾后农业以及社会各行业的发展。

军事集团的建立和发展。社会动荡起初是小规模的、地方性的,然后规模不断增大,影响范围逐渐扩大。随着事态的发展和升级,一些军事集团逐渐建立和兴起,于是给一些立志成就帝王霸业的人提供了发展的机会。李自成的队伍在崇祯十三年秋天进入河南时,是区区一千多人的军队。在特大干旱的背景下,他们开始劫富济贫,使很多的饥民找到了求生的道路,队伍不断壮大,到十五年冬天已经发展成为几十万人的队伍,当时仅南下湖广的队伍就有四十多万人。张献忠同样以劫富济贫的方式使队伍发展壮大,在以四川为中心的西南地区稳定了较长的时间。明末东北地区部落之间冲突不断,使女真族崛起,继而形成了强大的清军。以后清军多次进入山海关内,通过征战队伍不断壮大,控制的区域也在扩展。随着几个军事集团的建立和发展,决斗胜负成为必然,于是几大军事集团之间争夺地盘的战争愈演愈烈。

建立新的社会秩序。当军事集团的规模扩大到一定程度,首领的称霸欲望在不断地增强,军事集团之间必然要发生规模较大的武力冲突。1644年,李自成的队伍在西安建立大顺政权,然后占领北平。明王朝的残余势力退守南方地区,先后建立了南明弘光政权和唐王隆武、鲁王监国、桂王永历政权。明官军的数量在急剧减少,力量在不断地削弱。清军入关以来,李自成的队伍同清军展开了决战,最后清军取得了胜利。紧接着清军打败了张献忠的队伍,平定了南方明王朝的残余势力。随着国力的强盛,清王朝继续向周边扩展疆土。

清军统一全国,使社会秩序发生了大的变化。站在不同民族利益的角度来讲,人们的评价差异较大。但站在社会共同进步这一角度来讲,这无疑是一次多种文化交流和民族大融合的过程。清政府采取了积极的民族政策,使满、汉、蒙等多民族进一步融为一体,社会发展加快,甚至出现了康乾盛世。清王朝起初虽是由狩猎游牧民族建立的王朝,但以后社会发展加快。清朝前期,疆域扩张,为当今中华民族的形成奠定了历史基础。

通过以上史实的追溯和分析,可知在明末的一段时期内,社会出现了严重的动荡不安,大多数民众身不由己,被迫跟随队伍东打西杀,南征北战。但在当时的生态和社会背景下,社会动荡对推动社会发展也起到了多方面积极的作用,最终导致新的社会秩序建立。

四、生态恶化、社会动荡与人的异常行为

(一)生态环境恶化时人们的行为表现

人们被迫寻找可替代的食物。崇祯末年突如其来的特大旱灾,使中国北方地区的环境人口承载力迅速降低,于是多个区域的人们出现了严重的粮食短缺。在求生本能的驱使下,人们在自然界寻找可食的东西。以下从一些地方志中挖掘当时的一些史实。

崇祯十年,陕西西乡县"大饥,馑者相望,居民采草根食之,至尽"[1]。

崇祯十一年,河北永清县"七月,蝗飞蔽天,食禾殆尽,饥民皆捕食之"[2];山西稷山县"十一年至十三年频旱,野无青草,斗米千文,草根树皮采食殆尽,

---

[1] 陈鹏程等:康熙《西乡县志》卷5"灾异",康熙二十二年刻本。
[2] 乔寓等:康熙《永清县志》卷1"灾祥",康熙十五年刻本。

甚至人相食"①。

崇祯十二年，香河县"河草入市，每斤钱三文。以至树皮草根无不采食，食之多中毒死。糟糠麸渣等物即为美食"②。河北辛集市"崇祯十二三年间，饥馑相仍，糠秕不给，草籽树皮皆尽，人相食"③。山西灵石县"十一年旱，十二年旱，田园尽赤，民食树草，榆种断绝，斗米七钱，饿死载道者不可数计，人亦相食"④。陕西高陵县"人以荞秆、榆皮为食"⑤。河南沁阳县"去年无秋，今年又无春，穷民食树皮尽，至食草根"⑥。

崇祯十三年，河北栾城县"皆食木皮草籽，蒺藜每斗卖钱五十文"⑦，衡水市"大旱，人食梨核、枣核、树皮、草籽，四境多孚"⑧。山西河津县"妇女剜野菜救饥，久之野菜俱尽"⑨。陕西咸阳"饥疫相困，木皮石面皆尽"⑩，澄城县"屑榆为粥，继以兰根，兰尽，食红石皮，十无一生，旋相食"⑪。山东济南"饥，树皮皆尽，发瘗胔以食"⑫，安丘县"大饥，斗粟至千余钱，人刮木皮，挑草根而食，间亦有饿死者"⑬。河南洛阳"连年旱蝗相继，米卖腾贵，穷民有食树皮者，有食草籽者，有食荞耳旋死者，不但此也，糠皮酒糟视为珍品，枣核柿蒂重若宝粒，干牛羊皮食之，雁屎食之，甚至人相食矣"⑭。

---

① 顾涑初等：康熙《稷山县志》卷1"祥异"，康熙十二年刻本。
② 刘深等：康熙《香河县志》卷10"灾祥"，康熙十七年刻本。
③ 刘崑等：康熙《保定府祁州束鹿县志》卷9"灾祥"，康熙十五年刻本。
④ 侯荣圭等：康熙《灵石县志》卷1"祥异"，康熙十一年刻本。
⑤ 白遇道等：光绪《高陵县续志》卷8"缀录"，光绪十年刻本。
⑥ 萧家蕙等：康熙《河内县志》卷4"艺文"，康熙三十二年刻本。
⑦ 桂超万等：道光《栾城县志》卷末"灾祥"，道光二十六年刻本。
⑧ 萧鸣凤等：康熙《衡水县志》卷6"事记"，康熙十九年刻本。
⑨ 刘梁嵩等：康熙《河津县志》卷8"祥异"，康熙十一年刻本。
⑩ 臧应桐等：乾隆《咸阳县志》卷20"祥异"，乾隆十六年刻本。
⑪ 路世美等：顺治《澄城县志》卷1"灾祥"，顺治十六年刻本。
⑫ 成燿等：道光《济南府志》卷20"灾祥"，道光二十年刊刻。
⑬ 王训等：康熙《续安邱县志》卷1"总纪"，清康熙刻本。
⑭ 何柏如等：顺治《河南府志》卷3"灾异"，顺治十八年刻本。

第二章　崇祯末年北方地区生态异常及社会影响

崇祯十四年,河北雄县"春夏大旱,民以树皮草根充饥,百姓流离,饿莩载道"①,新河县"岁饥人病,民穷财尽,初杂糠秕,继食草籽、剥树皮"②。山西浮山县"百姓食糟糠,剥树皮,掘草根,甚至人相食"③。陕西泾阳县"春绝粜,木皮草根俱尽,人相食"④。山东枣庄"蓬蒿遍四野,民间鸡豚之类亦荡然无存,实数百年未有之奇变也"⑤。河南原阳县"八月,蓬蒿成实,人赖以活"⑥,三门峡市"春倍饥,民食榆皮草根,或食雁粪土块"⑦。

由以上文献可知,这一时期食物严重短缺的地域遍及北方多个省份,各地粮食的替代品种类繁多。树、草、作物等各种植物体的残留有机体都是人们采集的目标,已有的"糟糠麸渣"成为当时环境中的"美食",树皮、草根被挖掘殆尽。家养动物被食尽,野生动物很难寻觅。一些人挖掘坟墓啃食死尸,更有甚者猎杀活人,"人相食"是多个地方可以见到的现象。石粉是一些区域的人们采集的目标,被人们称为"神土",但人食后几日内便会死亡。有的人吃干牛羊皮,一些人捡食雁粪。如果能够捕食到蝗虫,是一些区域人们的幸运。当时的生态环境已经恶化,由于众多的人是生态环境中的顶级消费者,他们的生存能力很强,因此,食物争夺现象不可避免。

顶级消费者(人)的生态行为分析。北方的陆地生态系统主要由森林、草地生态系统和农业生态系统等多种生态系统构成。以整个北方地区的生态系统为视角,可以发现人同农业生态系统关系最为密切,同其他生态系统也联系在一起,人是多种生态系统的顶级消费者。在气候正常的年景,各类生态系统运行正常,农作物、树、草等这些初级生产者能够创造出大量的有机物;这些有机物不仅能满足生态系统中多级消费者的需求,而且使得顶级消费者(人)的数量增加很快。

---

① 马之骕等:康熙《雄县志》卷中"祥异",康熙十年刊本。
② 王汝翰等:康熙《新河县志》卷9"事实",康熙十八年刻本。
③ 张华等:乾隆《浮山县志》卷34"祥异",乾隆十年刻本。
④ 王际有等:康熙《泾阳县志》卷1"祥异",康熙九年刻本。
⑤ 褚光镆等:康熙《峄县志》卷2"灾祥",康熙二十四年刻本。
⑥ 张慎为等:康熙《阳武县志》卷8"灾祥",康熙二十九年刻本。
⑦ 龚崧林等:乾隆《重修直隶陕州志》卷19"灾祥",乾隆十二年刻本。

崇祯末年特大干旱期间,由于严重缺水,植物的光合作用受到限制,农作物、树、草等这些初级生产者大量死亡。通过光合作用新创造的有机物数量大幅度减少,家畜被食,食草动物大量迁徙、死亡或者被食,现存的动物有机体也越来越少。于是,整个生态系统陷入了非正常的运行状态。在整个大的生态系统中,顶级消费者(人)数量很多。这些顶级消费者智慧高,生存能力强,当他们缺少食物的时候,会尽可能地在环境中寻找可食的东西。当环境中的粮食替代品越来越少的时候,出现了严重的生存危机,在生存意识的驱动下,他们必然要寻找新的生存方式,于是相互之间要进行激烈的生存竞争。他们之间的生存竞争是整个生态系统适应气候灾变的一种自动调节,是大范围气候灾变导致的必然结果。

(二)生存意识驱使下的食物争夺

崇祯年间,多个地域连年发生灾荒。崇祯元年、二年、三年,陕西地区连年干旱。[①]陕西一带小规模的民众暴动四起,[②]群体之间食物争夺不断。崇祯十年、十一年、十二年、十三年和十四年的严重干旱,[③]华北及中原地区自然生态环境恶化,多个地域粮食歉收或绝收导致严重的饥荒,[④]于是规模较大的食物争夺现象不断出现。东北地区在崇祯年间已被建州女真族统一,但在饥荒的年份,他们多次组织强大的武装力量越过山海关掠夺粮食和牲畜。下文的史实能够证实这一点。崇祯年间的食物争夺现象较为普遍,中国北方地区尤为严重。以下就食物争夺的驱动力和表现形式展开叙述和分析。

---

① 中央气象局气象科学研究院:《中国近五百年旱涝分布图集》,北京:地图出版社,1981年,第85—86页。
② 顾诚:《明末农民战争史》,北京:中国社会科学出版社,1984年10月,第27—32页。
③ 中央气象局气象科学研究院:《中国近五百年旱涝分布图集》,北京:地图出版社,1981年,第89—91页。
④ 张德二:《中国三千年气象记录总集》,南京:凤凰出版社,2004年,第1563—1623页。

(1)生存意识是争夺食物的驱动力

当饥饿危及生命的时候,求生、求存是人们的第一选择。此时,人们对社会的诸多方面关注较少。食物在哪里?这是最受关注的。于是,争夺食物便成为人们应对危机的求生选择,这些行为是生存意识所驱动的。

生存希望是饥民的共同意识。当特大干旱导致原有的社会秩序发生紊乱时,众多饥民心中迷惘,在渴求得到食物的同时,也想找到一个相对稳定的归宿。他们的路在何方?他们在寻找。饥饿中的人最难得到的是美好的希望以及战胜困难的信念。暴动队伍到来,使流浪饥民的心有了归宿,生存希望与信念开始建立。一些精英人物的出现,为何有一呼百应、百川归海的纳众效果?因为他们了解民意,且顺应了民意。起义队伍的领袖李自成出身社会下层,他了解民众,深知民众的疾苦。他懂得这样一个道理,顺民心才能得到民众的拥护。李自成义军凝聚人心的口号很响亮:"杀牛羊,备酒浆,开了城门迎闯王,闯王来了不纳粮。"①这样的口号,被受饥渴困扰的百姓听了,他们不仅生存的信念增强,而且对以牛羊、酒浆为食的美好生活产生了憧憬。为了心中的信念,跟着闯王走便成为自然而然的事了。李自成队伍的口号、劫富济贫的行为深深地吸引了在生死线上挣扎的众多灾民。崇祯十三年秋天,李自成的队伍进入河南时仅有一千人左右,到十五年闰十一月南下湖广时,已发展为几十万人的队伍。②事实上,李自成当时的队伍是河南几十万饥民的联合,是希望走出困境、度过灾荒、向往过太平日子的一颗又一颗心的大凝聚。

客观地讲,当饥饿的民众碰到明朝官兵,如果官兵需要扩充兵力且主动收留他们时,这些人大多是愿意加入的。原因很简单,他们有吃饭的地方了,有暂时的归宿了。同样的道理,饥饿的民众同清军相遇,如果军方接纳他们,他们一般也是愿意归宿的。可见,渴望生存是饥饿民众当时的主要意识,先想办法活下来是当时的生态、社会条件下人们的第一选择。

生存危机面前民众意识的客观分析。社会不同阶层的人们,在危机面前的意识差异较大。饥民们在食物短缺时,他们想的是如何得到食物,如何生存

---

① 《石匮书后集》卷63。
② 顾诚:《明末农民战争史》,北京:中国社会科学出版社,1984年,第130、164页。

下去,发挥集体的力量夺取食物。富贵阶层的人们在面临食物被夺的危难之时,他们想的是如何能团结起来,保护食物和财富,维持他们的社会地位。

崇祯年间众多饥民之所以加入暴动队伍,是因为他们具有"寻找食物,谋求生存"的基本意识。当时饥民最强烈的意识是生存的希望和信念,大多数饥民别的意识淡薄,而暴动队伍的行动能满足他们的需求。队伍的领袖人物可能有大的雄心,但多数随从者只是为了生存而已。一些学者在评论他们时,往往用"革命的立场、正义的举动"等词说明他们具有革命性和阶级性,其实这是不符合事实的。这是现代人的思维,或者说是现代部分人的思维。有的学者甚至把"推翻明王朝、消灭不平等"说成是他们的意识。至于"推翻明王朝"是起义领袖层级人物的意识,"消灭不平等"在多数情况下属于宣传口号的内容。这些内容可总结为:现代人的思维同古代人的思维差异很大,领袖人物的思维同普通士卒的思维差异很大。在生存危机面前,不同阶层的人们意识相差甚远。

加入暴动队伍的饥民,他们起初的意识是为了生存;当军队规模扩大之时,他们的想法是如何在军中取得更高的地位;当军队建立政权之时,他们希望得到高官厚禄,盼望的是荣华富贵。可见,民众意识是随着周围条件的变化而发生重大变化的。

(2)食物争夺方式多样化是生存竞争激烈的显现

民以食为天。一旦缺少食物,社会就要发生动荡。在崇祯年间,以北方为主的多个地域经常出现民众食物短缺的现象,在崇祯末年尤为严重。食物短缺,民众出现生存危机,于是相互之间进行食物争夺。当时的食物争夺涉及范围广、形式多样,显示了人们之间生存竞争的激烈。

个体以及小群体之间的食物争夺。食物短缺和人口众多的事实使民间出现了抢夺食物的现象,起初多表现为个体之间以及小群体之间的食物争夺。个体之间抢夺食物往往出现在偏僻的区域,小群体之间抢夺食物是较为普遍的现象,因为组成集体能够发挥群体的优势,于是,在旱灾盛行和旱灾刚刚过后的一段时期内,一些饥民群体在食物短缺的生态环境中竭力寻找可食的东西。入室抢劫和拦路抢劫现象屡见不鲜,如果进入富豪家里或官宅,一定能够抢到一些粮食。如崇祯十二年,河南安阳有"遍地盗起,号曰'打粮',肆其抢掠,讫无官法矣"①的记载。猎杀过路人,喝血、吃肉也能解决饮食问题。如崇祯十三年,山西潞城县有"岁大饥,人相食,偏僻荒郊无人敢独行"②的记载。无论个体还是小的群体,他们有时设立一些临时据点,但没有能力占据地盘,寻找食物和生活必需品是他们的主要目的。

部落之间的食物争夺。在牧区或者林区,当出现食物短缺时,多表现为部落之间的食物争夺。东北女真族世代居住的地方——松花江流域,属于气候条件较为恶劣的地区。在明末,他们卓越的首领努尔哈赤带领众多狩猎民众,同连年的雪灾、冻灾、旱灾抗争,向周围的部落抢夺食物等物资,在抗争中一次又一次取得了胜利。他们的行为为众多追随者解决了衣食问题,创造了生存的条件。由于追随者的胜利信心在不断地增强,他顺应民心,统一了周围多个部落。据王景泽研究,从万历末年到天启年间(1573—1627),努尔哈赤在抗击灾害中建国,在抗击灾害中发动对外战争。他依靠强大的武力打败了其他部落,维持了生存,扩大了势力。天启七年(1627),皇太极继位,在崇祯年间,他威胁并求助于朝鲜,远征蒙古和明王朝,继续以征战的方式度过了一次又一次的饥荒,国力持续扩大。③女真族的首领为何能一呼百应?因为在他的周围有很多被饥饿所迫的狩猎人,这些人响应其号召最重要的原因是他们想活下来,因为只有追随队伍,在食物争夺中才有优势,才能找到可食的东西。由于灾害连年不断,在生存的道路上没有退路,女真族因此成为东北一带最终的胜利者。

不同阶层的人们之间的食物争夺。劫取富豪和官府的粮食是灾年饥民得到食物的主要途径,争夺食物往往在两个阶层之间进行。崇祯年间民众暴动四起,他们在多个地域劫富济贫。暴动队伍攻下官府、衙门,其储存的粮食被迫拿出拯救饥民。队伍得到了军需补给,事实上是解决了众多饥民的吃饭问

---

① 康熙《安阳县志》卷10"灾祥",张德二《中国三千年气象记录总集》,南京:凤凰出版社,2004年,第1584页。

② 申伯等:康熙《潞城县志》卷8"灾祥",康熙四十五年刻本。

③ 王景泽:明末东北自然灾害与女真族的崛起,《西南大学学报(社会科学版)》第34卷第4期,2008年7月,第48—53页。

题。在当时的生态条件和社会条件下,饥民响应和加入队伍是一种最佳的自救方式。因为只有他们集体行动,才有能力拿到富人和官府的储粮和生活物资。

从崇祯十一年至十五年,河南连续四年大旱,十三年旱灾最重。①李自成所率队伍于十三年秋天进入河南,特大干旱造成的灾情还在延续。于是,在中原大地上流窜着大大小小的人群,但是他们没有能力进入官府、衙门,还是找不到食物。起义队伍的到来,使他们看到了找到食物的希望,加入队伍心里便有了归宿,食物也有了来源。起义队伍一呼百应,首先以豫西地区为落脚点,攻克了多个县城,夺取了洛阳重镇。到十五年冬天,河南大部分区域已在李自成所率队伍的控制之下。②李自成的队伍在特大干旱的后期进入河南,向官府、王府夺取了众多储粮,拯救了数十万灾民,这已成为历史事实。这一事实给我们的启示是,在特大干旱期间,只有组织纪律性很强的社会团体,才能同特大旱灾抗争一段时间。

规模较大的食物争夺。崇祯末年,北方大部分地区发生特大干旱,而南方多个地域仍维持着正常的生态环境。特大干旱对一些地域的社会环境造成了巨大的冲击,如果另外一些地域受灾少,生态环境依然保持正常,可以成为大灾后的缓冲地区,这也成为规模较大的跨区域食物争夺的基础条件。以下陈述一些史实。

李自成的队伍南下湖广是一次规模特大的食物争夺运动。③历史是不能假设的,这是一个基本思维规则,但我们可以对当时的史实进行多角度的分析。崇祯十年至十四年的连年大旱灾使中原广阔的地域赤地千里、饥民遍野。在崇祯十三年秋天,李自成队伍的到来,使官府、衙门的储粮被迫拿出,解救了众多的饥民。十五年中原一带降水条件较好,农业生产有一定程度的恢复,④但

---

① 中央气象局气象科学研究院:《中国近五百年旱涝分布图集》,北京:地图出版社,1981年,第90—92页。
② 顾城:《明末农民战争史》,北京:中国社会科学出版社,1984年,第128—156页。
③ 顾城:《明末农民战争史》,北京:中国社会科学出版社,1984年,第164—167页。
④ 张德二:《中国三千年气象记录总集》,南京:凤凰出版社,2004年,第1629—1630页。

由于兵荒马乱,很多土地未被利用。到十五年冬,河南地区富人的余粮大部分都发给了饥民,而十五年生产的粮食非常有限,在这个时间段,整个中原地区出现了严重的食物短缺。因此,十五年闰十一月,李自成统率四十多万大军南下湖广。① 他们在物资供应不足时走出了中原,到达了粮食、物资充足的湖广地区,达到了预期的目的。这次跨区域的大进军,是出于队伍生存的需求,是整个队伍供给所需的被迫选择,是队伍再发展的一次大进军。从另一个角度来讲,几十万人马南下湖广,是拯救众多饥民的一次大行动,是走出生态恶化区,寻找衣食资源的远距离的难民大迁移。如果李自成的队伍当时是向北进发,北方严重恶化的生态环境会使几十万大军溃散。因为当时北方的乡下是青黄不接,而多个官府、重镇早已被暴动的民众拿下,已经没有存粮较多的地方了,因此,队伍大规模南下是当时的生态、社会条件下正确的选择。

崇祯年间,皇太极曾几次率领军队大规模进入关内,直接到达京畿地区。这也属于跨区域规模较大的食物争夺。据文献记载:"崇德三年九月,出师复掠内地,兵锋南达济南府,克70余城,掠人口462303,其它财富珠宝尚不焉。"②"崇德七年十月,命将出师,入掠明朝内地,此次计掠人口369000,牲畜321000。"③从这些文献记载得知,这几次向关内进犯,其主要目的是抢夺食物和其他财产,因为他们被饥荒所困扰。在当时,他们的整体实力较小,明王朝的实力很强大,他们也认为消灭明王朝是不可能的。但为了度过荒年,可以集中优势兵力,在一定的时空完全可以依靠武力取得争夺战的胜利,达到了当时的进军目的。

规模较大的跨区域食物争夺,需要强大的集体武装力量作为前提条件。 皇太极的军队进入关内,靠的是集中优势兵力。李自成的队伍南下湖广,也是依靠集体力量的强大优势。如果单靠个人行动或者少数人组成的队伍无论跨越山海关或者南下湖广,都会遇到自然、人为的种种障碍,是不可能到达目的地的。

---

① 顾诚:《明末农民战争史》,北京:中国社会科学出版社,1984年10月,第164页。
② 《清太宗文皇帝实录》,第601、602页。
③ 《清太宗文皇帝实录》,第889页。

第三章　光绪初年北方地区生态异常及社会影响

光绪三年、四年,中国北方地区发生了一次特大干旱,本次大旱使生态环境和社会环境都发生了大变化。为了研究光绪初年北方地区的特大干旱,笔者在北方多地进行了田野调查,主要是实地走访,同时进行野外考察,并结合地方志、文集、碑刻、报刊、档案等资料进行研究。以下主要以文献资料为依据,列举生态环境中一些自然要素剧烈变化的事实,分析生态系统变化过程的不同阶段的表现特征,并对生态异常变化以及给人和社会造成的影响进行论证。

一、光绪初年的生态系统及人的生态地位

(一) 生态系统类型

按照人类活动的影响程度,可将生态系统分为自然生态系统、半自然生态系统和人工生态系统。①自然生态系统由生产者、消费者、分解者和非生物环境组成。农田、人工草地和人工林等属于半自然生态系统。城镇和乡村是典型的人工生态系统。光绪初年处于明清小冰期结束的前后,草原带和森林草原带更为广阔是当时北方大部分地区自然带的特征。②当时的人们大多以从事种植业为主,部分地区的人们从事畜牧业,当时的城镇和乡村分布普遍。人们创建了种类多、规模大的半自然生态系统,建立了独特的人工生态系统。由此可

---

① 戈峰:《现代生态学》(第二版),北京:科学出版社,2008年,第590—595页。
② 李慧培:《山西通志》,第9卷林业志,上海:中华书局,1992年。

知,光绪初年北方地区的生态系统是自然生态系统、半自然生态系统和人工生态系统交错分布且融为一体的复杂生态系统。

(二) 人在生物链中的位置和作用

在本书的研究中,人既被视为生态系统的组成部分,又被视为社会系统的组成部分。欲了解人在生物链中的位置和作用,需厘清生物链和生态位这两个概念的内涵。生物链即食物链,是生态系统内不同生物之间在营养关系中形成的一环套一环似的链条式的关系。①通俗地讲,生物链是各种生物通过一系列吃与被吃的关系彼此联系起来的序列。有关生态位的定义很多,Elton认为一种生物的生态位表明它在生物环境中的地位以及与食物和天敌的关系②,他强调的是生物在群落中的作用。在光绪初年的北方地区,人在生物链中属于消费者,而且是特殊的消费者。人是人工生态系统和半自然生态系统的建立者,是人工生态系统的主宰者。以下以山西地区为例,对当时北方地区的人工生态系统进行分析。

(1) 人是消费者的主体

人既以植物为食物,又以动物为食物,还可能被其他食肉动物所吞食。因此,人既是初级消费者,又是顶级消费者,在不同的时空还会充当不同级别消费者的角色。经过几千年的开发,到光绪初年,人对整个生态系统的影响愈来愈深刻。当时村落遍布,行政建制日臻完善,据光绪《山西通志》记载:"山西布政使司,辖太原、平阳、潞安、汾州、大同、朔平、宁武、泽州、蒲州九府,辽、沁、平、忻、代、保、解、绛、吉、隰十州"③,当时总计106个州县。④光绪三年(1877),山西人口为1643.3万。⑤由于众多人口挤压了很多动物的生存空间,占据了众

---

① 戈峰:《现代生态学》(第二版),北京:科学出版社,2008年,第365页。
② 引自戈峰:《现代生态学》(第二版),北京:科学出版社,2008年,第216页。
③ 王轩等:光绪《山西通志》卷39田赋,北京:华文书局股份有限公司,1969年,第787页。
④ 王轩等:光绪《山西通志》卷6—7疆域,北京:华文书局股份有限公司,1969年,第133—182页。
⑤ 李文海:《中国近代十大灾荒》,上海:上海人民出版社,1994年。

多食物资源,原来自然环境中的众多消费者部分已经灭绝,其余的大量迁移。在整个大生态系统中,从个体数量和有机质的总量来讲,人在整个消费者群体中所占的比例不断上升,其主体地位愈来愈明显。因此,在光绪初年的北方地区,人是当时大生态系统中消费者的主体。

(2) 人属于生物链中特殊的消费者

生态系统由生产者、消费者、分解者和非生物环境几个要素组成,人作为特殊的消费者,对其中每一个要素都有直接的和大幅度的影响。

大幅度地改变非生物环境。光绪初年,人对生态系统中的非生物环境影响很大,能够改变大气成分、破坏岩石结构、改变水的分布状态等。例如,大面积种植水稻可产生甲烷,农作物和人工林的生长可以吸收二氧化碳,放出氧气,使大气成分发生变化。修建房屋、开挖矿石、修筑道路等活动改变了很多地区地表的岩石等物质结构。农田灌溉、人畜饮水、生产作坊用水等水的多种利用方式改变了地表水和地下水的分布状态。由此可知,在当时的生态环境中,人属于对非生物环境改变量最大的消费者。

培育生产者和破坏生产者。在漫长的农业发展过程中,人们不断地破坏和改变原来的自然生态系统,培育和引进了多种粮食作物、经济作物、蔬菜和果树品种,建立了类型多样的半自然生态系统。光绪年间(1875—1908),山西地区农田统计数为"官民田地四十七万五千四百五十一顷一亩"[①],农作物有"稷、黍、谷、稻、高粱、麦、豆、麻、玉蜀黍……"[②],瓜果菜等有蔬菜"白菜、芹菜、山药、芥菜、韭菜、蒜……",瓜果"王瓜、冬瓜、南瓜、北瓜、甜瓜、菜瓜、丝瓜、石榴、杏、沙果、李……",树"柳、桑、杨、椿、椴、蔡……"[③]。以上列出的树种,有天然生长的,但大部分是多年来人工栽培的。通过大量培育生产者,大生态系统的结构发生了巨变,在一定的区域还能修复已被破坏的自然环境。

---

① 王轩等:光绪《山西通志》卷39"田赋",北京:华文书局股份有限公司,1969年,第787页。

② 王轩等:光绪《山西通志》卷47"物产",北京:华文书局股份有限公司,1969年,第915—916页。

③ 王轩等:光绪《山西通志》卷47"物产",北京:华文书局股份有限公司,1969年,第920页。

在气候正常的年景,人们砍伐树木,以修建房屋、制造工具、用作生活燃料等,采伐灌丛用作燃料和饲草等,采集草本植物用作饲草、药材、食物等。在饥荒年间,人们挖草根、剥树皮用以充饥,对植被的再生能力造成严重破坏。同治《阳城县志》记载:"昔林木翕密,虎易藏匿,近年斧斤濯濯,远城五十里鲜虎迹,析城、王屋间尚有匿者。豹仍不少,鹿麝香亦多,于此间孳息猿猱,惟莽山濛濛有之。"①以上文献再现的事实是:同治末年,山西东南部的析城、王屋山区,由于伐木不断,生态环境发生变化。虎远离了近城区域,豹、鹿等其他动物也渐渐聚集于林木茂盛的地区。这一事实是破坏生产者导致的生态连锁反应。其实,破坏生产者是人类活动的常态行为,表现在生产、生活的多个方面。

饲养消费者,挤压、消灭消费者。进入新石器时代,人们已经开始饲养动物,于是出现了家禽、家畜。据光绪《山西通志》记载,当时省内的禽类有"鸡、石鸡、鹅、雁、鸳、鹊、鸟、鸽、燕、布谷、啄木、蝙蝠、鸠、鸢……",兽类有"牛、羊、骡、驴、猪、狗、鹿、狐、獾、狼、猫、鼠……"②。文献显示,家禽有鸡、鹅、鸽等,家畜有牛、羊、骡、驴、猪、狗、猫等,家畜的种类更多。这些事实证明当时的人们饲养消费者的规模较大。

生产和生活的需求驱使人们大量占用和挤压其他消费者的生存空间,扩大自己的生存环境,一些人被迫或有意识地猎杀野生动物。这些行为导致野生动物的种类和数量剧减,甚至很多种类灭绝或濒临灭绝。同治末年,在阳城县,"狐、兔、狼、獾乡村常遇,至牛、马、驴、骡、羊、犬、猫、猪与人驯习,到处皆然,不至可也"③。从文献得知,饲养业的发展使家畜的种类、数量增多,村庄附近有野兽出没。这些事实证明,当时人们的生存空间和野生动物的生存空间已经相互融合。这是人们扩大生存环境、挤压其他消费者的结果。饲养一部分消费者,挤压和消灭另一部分消费者,大幅度地改变了当时生态系统中消费者的结构。

---

① 赖昌期等:同治《阳城县志》卷5"物产·兽",第206页。
② 王轩等:光绪《山西通志》卷47"物产",北京:华文书局股份有限公司,1969年,第920页。
③ 赖昌期等:同治《阳城县志》卷5"物产·兽",第206页。

有意识地控制、杀灭病毒。光绪初年,清王朝的人对生态系统中的分解者了解甚少,至少在认识上很模糊。人们多年来同人畜的疾病作斗争,这方面已积累了大量经验,传统中医就是在人与病毒对抗的过程中发展起来的。光绪四年(1878)瘟疫流行之时,山西巡抚曾国荃发布政令:"荒年天气毗于亢阳,民食秕糠及草根木叶等物,生病者多,应设治疫等药分给四乡绅耆,以救民间疾病。并于各厂放赈之日,分别男女,不许溷杂无纪,防避疫气。"①从文献的内容可知,气候干旱和饮食不佳导致很多人生病。曾国荃要求把药分发给民众,以医药救疾病,并强调男女之间应规范行为,防止疾病扩散传染。巡抚之令的内容属于人们有意识地杀灭、控制病毒的历史证据。人们实施政令治疗和预防疾病的过程,实质就是"杀灭病毒和控制病毒传播"的过程,使病毒这类分解者的生存和繁殖条件受到限制。

由以上分析可知,在光绪初年北方地区的生态系统中,人属于对非生物环境改变量最大的消费者,而且大量地培育生产者和破坏生产者,在一定的区域能够修复已被破坏的自然环境。人们饲养一部分消费者,挤压、消灭另一部分消费者,大幅度地改变了消费者的结构。有意识地控制、杀灭病毒,影响这类分解者的生存和繁殖。这些事实足以证明人属于生物链中特殊的消费者。

二、生态变化初期的表现以及人的异常生态行为

(一)植物大量死亡与植被消亡

光绪初年的特大干旱发生时,首先有明显变化的是植被,它们的变化是对干旱最敏感的生态反应。在自然生态系统、半自然的农田生态系统中,作为生产者的绿色植物由于缺水大量死亡,植被退化成裸地。光绪三年(1877),大旱使草木干枯,荒野赤地。山西清徐县"大旱,赤地千里"②,永和县"荒旱异常,

---

① 张承熊等:光绪《夏县志》卷25"艺文",光绪六年刻本。
② 王孝尊等:光绪《清源乡志》卷16"祥异",第550页b。

野无寸草"①,隰县"夏秋无雨,寸草皆枯"②。陕西永寿县"碧峰禅寺内古柏五十余株,光绪三年大旱,尽枯"③。河南巩县"大旱,中原赤地千里"④,方城县"是年五月不雨,至次年三月始雨。大旱,赤地千里"⑤。野草的生存能力强,若干旱程度较轻,还能顽强地生长。"野无寸草""寸草皆枯"说明了当时干旱的严重程度。柏树根深且抗旱能力强,关中地区一个寺庙内的古柏"尽枯",山西、中原多地"赤地千里"。这些记述说明,当时北方大部分地区的野外自然生态环境遭受严重破坏。

光绪初年的北方地区,人们以从事农耕为主,大旱造成大量农作物死亡,人们建造的农田等半自然生态系统受到破坏。光绪三年,山西怀仁县"夏旱,秋霜,五谷不登"⑥,灵石县"旱魃为虐,豆苗开花而复落,高粱出穗而即枯"⑦,沁源县"七八月大旱,禾不结实,瓜菜亦皆槁死"⑧,汾西县"是岁自春至九月不雨,麦枯,禾未播种"⑨,万荣县"夏秋旱,麦未种"⑩。陕西高陵县"冬无宿麦,夏秋赤地千里"⑪,渭南县"三、四年大旱,无麦禾"⑫,柞水县"三月至六月二十一日大旱,禾稼树木皆枯,秋收十不获一"⑬,乾县"大旱,麦禾俱无,种不入土"⑭,

---

① 段金成等:民国《永和县志》卷14"祥异考",第501页。
② 王嘉会等:光绪《续修隰州志》卷4"祥异",第358页。
③ 赵奇龄等:光绪《永寿县重修新志》卷2"寺庙",光绪十四年刻本。
④ 杨保东等:民国《巩县志》卷五"大事纪",民国二十六年刻本。
⑤ 民国《方城县志》卷5"灾异",张德二《中国三千年气象记录总集》,南京:凤凰出版社,2004年,第3376页。
⑥ 姜利仁等:光绪《怀仁县新志》卷1"分野·祥异附",第264页a。
⑦ 耿步蟾等:民国《灵石县志》卷12"灾异",第878页。
⑧ 阴国垣等:民国《沁源县续志》卷6"大事考",第625页。
⑨ 周凤翔等:光绪《汾西县志》卷7"祥异",第70页a。
⑩ 马坚等:光绪《荣河县志》卷14"祥异续",第779—780页。
⑪ 成维雍等:光绪《高陵县续志》卷8"缀录",光绪十年刻本。
⑫ 焦联甲等:光绪《新续渭南县志》卷11"祲祥",光绪十八年刻本。
⑬ 李开甲等:光绪《孝义厅志》卷12"灾异",光绪九年抄本。
⑭ 周铭旗等:光绪《乾州志稿》卷1"事录",光绪十年刻本。

宜川县"天气亢旱,赤地千里。夏麦薄收,秋禾干枯"①。河南鄢陵县"大旱,不雨,麦秋尽没"②,禹县"大旱,夏无麦,秋无禾"③,新乡县"大旱,麦秋全无,赤地千里"④。从这些文献记载中得知,在光绪三年春,多地禾苗出土,随着干旱的延续都枯萎了。夏秋旱情相当严重,大部分地区作物都未播种。在秋季,大片田野变为赤地,当然局部地区有"夏麦薄收"的情况。北方多地禾苗枯死、农作物绝收属于普遍现象。

光绪三年,大旱使草木干枯,荒野赤地。虽然大部分植被枯萎,但树皮草根尚存,一些地区也有草木枯萎以及人们采食树皮、草根的记载。在河南新安县,"是年,河南大饥,树皮草根剥掘殆尽"⑤。河南灵宝、嵩县、方城等县也有草木枯萎以及人们采食树皮、草根的记载。对于北方整个生态系统而言,人为作用也加快了植被的消亡。比如,由于严重饥饿,人们挖草根、剥树皮充饥,加速了对植被的破坏。

光绪三年春夏及早秋时期,特大干旱导致水资源严重短缺。在整个自然生态系统中,首先草本植物死亡,随后木本植物逐渐死亡。由于生产者大量死亡,光合作用生产的以 C、N、O 元素为主要构成的有机质剧减。一部分食草动物由于缺少食物死亡或迁移,很多肉食动物迁移或死亡,自然生态系统发生了大变化。与此同时,农作物大量枯死,人工建造的农田等半自然生态系统也发生了大变化。伴随着大量植物的死亡,生态系统中的消费者和分解者也发生了大的变化,整个大生态系统变化程度加深。

(二) 人们被迫适应剧变的环境

随着生态系统的持续变化,人们被迫适应剧变的环境,生活方式和行为都

---

① 民国《宜川续志》卷末"杂记",张德二《中国三千年气象记录总集》,南京:凤凰出版社,2004年,第3369页。
② 王介等:民国《鄢陵县志》卷29"祥异",民国二十五年铅印本。
③ 王棽林等:民国《禹县志》卷2"大事记",民国二十年刊本。
④ 王芸生等:民国《新乡县续志》卷4"祥异",民国十二年排印本。
⑤ 民国《新安县志》卷1"大事记",张德二《中国三千年气象记录总集》,南京:凤凰出版社,2004年,第3377页。

发生了变化。

人们的饮食结构发生异常变化。干旱对粮食生产造成了重大影响,大部分地区粮食歉收或者绝收。随着干旱的延续,人们储存的粮食不断减少,饥饿的人们在环境中尽力寻找可食的东西。光绪三年,山西汾阳县"大饥。民掘食草木,甚有掺和泥土食者"①,浮山县"饥民糊口无资,搜食树皮草根。饿殍相望,惨不忍言"②,阳城县"不惟树头诸果未熟而已食尽,即桑、柿、椿、槐之叶,荆、榛、松、柏之籽,树皮草根凡可充饥者无不来捋"③。在陕西礼泉县,"时北山之石,岁久成灰,形似面粉,饥民襁负而归,号曰'神面',食之死者甚多"④,兴平县"大饥,道殣相望,人几相食。南山之石,岁久成灰,形似面粉,饥民襁负而归,号曰'神面',和榆皮制饼曰'神饼',食之多死"⑤。到了光绪四年,人们的食物更为短缺,更多的人死于饥饿。山西临县"剥树皮而树皮已尽,磨糠秕而糠秕已空。或匍匐街衢,移时就毙"⑥,临猗县"民掘草根,剥木皮以为食,面目肿痛,偶扑于地,一蹶莫起"⑦,汾西县的饥民"扫蒺藜拔毒磨面,拾树叶,捞苲草、稻秸、黍秆、玉黍芯搅谷穰砸捣碾面,菁蒿籽、沙蓬籽也觉香甜"⑧。人是自然生态环境中数量较多、生物量较多的生物,需要的食物量大,一旦生态环境发生大变化,便会出现严重的食物危机。

由以上文献记载得知,当粮食严重短缺之时,人们在环境中竭力寻找粮食替代品,饮食结构发生了异常变化。当灾荒开始发生的时候,人们把采食对象瞄准家禽、家畜等家养动物,与此同时在野外猎杀野生动物。经过一段时期后,周围的动物很快被食尽,野外的草根、树皮成为人们采集的主要目标。它们不仅能充饥,还能止渴,因为内含一定的水分。北方地区榆树多,它的皮厚

---

① 王文员等:光绪《汾阳县志》卷10"事考",第293页a。
② 张桂书等:民国《浮山县志》卷37"灾祥",第910页。
③ 《南梁城荒年碑记》,现存于阳城县河北镇南梁城村。
④ 曹骥观等:民国《续修礼泉县志稿》卷14"杂记",西安:三秦出版社,2010年12月。
⑤ 张元际等:民国《重纂兴平县志》卷8"祥异",民国十二年铅印本。
⑥ 吴命新等:民国《临县志》卷17"著述·荒年记",第502页。
⑦ 姚东济等:光绪《续修临晋县志》续下"祥异",第416页b。
⑧ 《清光绪三年遭年景(馑)歌》,现收藏于山西汾西县张剑波家。

且内含丰富的营养物质,磨成的面较为可口,在平常年份人们常食用,在饥荒年景是一种"美食"。一些树木结籽,如松树、柏树等;一些草木也结籽,如青蒿、沙蓬等。这些籽内含丰富的营养物质,人们会争着采集。树叶、枯草及农作物的秸秆可捣成面,如稻秸、黍秆、槐叶、桑叶等。一些被称为"神面"的石粉可充饥,食后肠胃下坠,过一些日子人便离世了。由于长期食用这些粮食替代品,导致人们的面目变色且肿痛,大多数人的体质下降,甚至一些人直接死亡。随着灾荒的延续,环境中能够找到食物的机会越来越少,人们仍在艰难地寻找粮食替代品以维持生存。

部分人迁往他乡。北方大部分地区属于典型的农耕区,耕地是人们赖以生存的基础。如果气候条件正常,百姓习惯于过安居的生活。如果特大干旱持续时间较长,粮食歉收或绝收导致食物短缺时,一些人会被迫离开灾区。

光绪三年,在山西平遥县,"逃荒在外者,尚不计其数"[1]。河南开封一带"流亡遍道路"[2],荥阳县"流民载道,络绎不绝"[3],南阳县"大饥,人多饿死,乡民远逃,村落空虚"[4],上蔡县"北方饥民逃荒至蔡境"[5],长垣县"大旱无秋,人民流离"[6]。在《中国三千年气象记录总集》[7]中,有光绪三年北方大部分县的灾情记录,在河南记述"乡民远逃""流亡载道""村落空虚"的有16个县。

---

[1] 光绪《平遥县志》卷12"灾祥",张德二《中国三千年气象记录总集》,南京:凤凰出版社,2004年,第3364页。

[2] 光绪《祥符县志》卷23"祥异",张德二《中国三千年气象记录总集》,南京:凤凰出版社,2004年,第3375页。

[3] 张沂等:民国《续荥阳县志》卷12"祥异",第645页。

[4] 张嘉谋等:光绪《南阳县志》卷12"杂记",第1391页。

[5] 翟爱之等:民国《重修上蔡县志》卷1"大事记",民国三十三年石印本。

[6] 民国《长垣县志》卷1"大事",张德二《中国三千年气象记录总集》,南京:凤凰出版社,2004年,第3376页。

[7] 张德二:《中国三千年气象记录总集》,南京:凤凰出版社,2004年,第3375—3377页。

光绪四年,山西临县"人尽菜色,户多流亡"①,平定县"人民流离,道殣相望"②。河南扶沟县"四年春大饥,山西及河南北尤甚,流亡络绎于道"③,商水县"大饥,流民载道,老弱多饥死"④。据《申报》所载光绪五年统计数据,山西地区"南路蒲、解、绛、平四属逃亡之余存者不过十分之三。如垣曲、河津仅有十分之一"⑤。

上述文献中提到的河南、山西的具体10多个县,通过研究其地貌、交通情况发现:大部分县的地势较为平坦,一些县外出交通方便。当灾荒发生的时候,居住在平坦区域的人们不易找到食物,相反在大山区找到食物的机会较多,这与山中野生植物、动物较多有关。因此,居住在平坦地域的人们要远行他乡,试图在他乡寻找生存的机会。在交通较为方便的地区,当地人有外出的传统,也有外出的交通条件,如方便的水运或驿道等,当灾荒来临时,往往举家迁移。从文献记载的"流民载道""流亡络绎于道""流亡遍道路""不计其数"等得知,很多人行进在迁移的路上。从"道殣相望"让人知晓,有不少人死于行进的道路上,在迁移途中"老弱"者死亡的概率更高一些。

在此次特大干旱期间,众多灾民离别故土,采取了一系列流亡他乡的行动。行动的结果是一部分灾民走出了困境,在另一个地域找到了安身的地方。"在1878和1879两年的冬天,绝望的人们陆续离开家园,向省会城市尤其是天津的粮仓奔去。山西约有10万难民涌入了天津,这些可怜的饥民光着身体,栖身于用泥土和黍秆修筑的简陋的小屋中。"⑥还有一部分灾民没有找到生存的机会,在寻找生存机会的途中消失了。

抢夺食物是一部分人谋生的手段。当环境中的粮食替代品越来越少的时

---

① 吴命新等:民国《临县志》卷17"著述·荒年记",第502页。
② 光绪《平定州志》卷5"祥异",张德二《中国三千年气象记录总集》,南京:凤凰出版社,2004年,第3383页。
③ 张文楷等:光绪《扶沟县志》卷15"灾祥",光绪十九年刻本。
④ 杨凌阁等:民国《商水县志》卷20"人物",民国七年刻本。
⑤ 《申报》1879年3月12日。
⑥ Mike Davis, late Victorian Holocausts: El Nino Famines and the Making of the Third World. verso: London New York, 2001.p.78.

候,人们出现了严重的生存危机,于是谋求新的生存方式是他们的必然选择。光绪三年,山西稷山县"秋大祲,赤地千里,蠢动者啸聚掠粟"①,绛县"至六七月,饥民蜂起,到处抢劫"②,临猗县"盗贼蜂起,肆行抢掠"③,永济县"饥民趁夜肆掠,邑侯捕治,始敛迹"④。文献中对人们抢夺食物的方式也作了描述:饥民相互招呼聚集在一起,依靠集体合力抢夺富户。在一些地域抢劫成为明目张胆的事,也有的地方官府采取了一些措施,盗贼仅在夜间抢劫,还可能被逮捕治罪。在当时的环境背景下,饥民以抢夺粮食为主,同时也抢夺其他财物。由于大范围干旱的持续,棉花种植受到严重影响。棉花产量不足,导致织布的原料短缺,随之出现的是衣物短缺。因此,饥饿的人们最急需的是食物,保暖御寒的衣服也是急需的,当然金银财宝以及其他物资也是他们抢夺的对象。

饥饿的民众向富户抢夺食物,在当时的条件下这是谋求生存的一种办法。以下这则文献对饥民的掠夺行为所持的态度较为激烈:"在遭受灾难最为严重的一些县份中,百姓像野兽似的互相掠夺。"⑤我们站在王朝秩序的角度上讲,掠夺行为是违背王法的。若站在"饥民在环境中生存的权利"这个角度上讲,这些行为是人们无可奈何情况下的生存选择。

在生态环境变化的大背景下,人们出现了异常的生态行为。在灾荒期间,由于大部分地域的人们出现食物严重短缺的现象,人们想方设法寻找多种类型的粮食替代品,导致饮食结构出现异常变化。一部分人离别故土前往他乡寻找生存的机会,也有的人联合成群体向富户抢夺食物,灾区的民众想方设法适应变化了的环境。粮食非常短缺的事实证明农田等半自然生态系统发生了大的变化,而半自然生态系统伴随着自然生态系统的变化而变化。在当时,以种植业为主的生产方式被迫改变,人们被迫寻求新的谋生方式,人们的生活方

---

① 马家鼎等:光绪《续修稷山县志》卷1"祥异",第32页a。
② 光绪六年《绛县志》卷12"祥异",张德二《中国三千年气象记录总集》,南京:凤凰出版社,2004年,第3366页。
③ 赵意空等:民国《临晋县志》卷14"旧闻记",第597页。
④ 光绪《虞乡县志》卷1"祥异",张德二《中国三千年气象记录总集》,南京:凤凰出版社,2004年,第3366页。
⑤ 马士:《中华帝国对外关系史(二)》,第339页。

式也发生了巨大变化,因而出现了一些异常行为。这些事实说明,当时的人工生态系统已经出现紊乱状态。

三、生态变化加深以及社会应灾的局限性

随着生态系统的变化程度加深,大量消费者由于食物严重短缺和生存条件恶化而死亡,消费者的死亡导致分解者异常增多,与此同时,致疫微生物猖獗使瘟疫广泛流行。当灾情不断加剧,社会抗灾能力愈显弱小,社会应对大灾的局限性表现得愈明显。

(一) 消费者主体(人)的行为异常及死亡

"人相食"现象出现。"人相食"现象的出现是在食物严重短缺的情况下,人们饥饿难忍而谋求生存的一种走投无路的选择,是消费者的一种极端异常行为。

光绪三年,陕西澄城县"大饥,人相食,死者十之六七"[1],蒲城县"大饥,人相食,至四年夏饿毙者三之二"[2],华阴县"大饥,人相食,饿毙人民无数"[3],铜川市"大饥,人相食,卖妻鬻子,逃甘肃者无数"[4],黄陵县"大饥,旱。草木树皮被食净尽,人相食"[5]。河南新乡县"大旱,麦秋全无,赤地千里,流亡载道,饿殍塞途,人相食"[6],巩县"自去冬至是春,民间以麦苗、榆皮无不食,渐及树叶、蒺藜。秋冬后多鬻妻弃子,杀戮牛马六畜,甚有食其同类者。饿殍横野,流亡载道,村落为虚"[7],新安县"树皮草根剥掘殆尽,人相食,饿殍载道"[8],密县"大

---

[1] 赵邦楫等:民国《澄城县附志》卷11"大事记",民国十五年铅印本。
[2] 王学礼等:光绪《蒲城县新志》卷13"祥异",光绪三十一年刻本。
[3] 张崇善等:民国《华阴县续志》卷8"杂事",民国二十一年刊本。
[4] 黎锦熙等:民国《同官县志》卷14"合作救济",民国三十四年铅印本。
[5] 黎锦熙等:民国《黄陵县志》卷9"社会救济",民国三十三年铅印本。
[6] 田芸生等:民国《新乡县续志》卷4"祥异",第527页。
[7] 杨保东等:民国《巩县志》卷5"大事记",民国三十六年刻本。
[8] 李希白等:民国《新安县志》卷1"大事记",民国二十八年石印本。

饥,道殣相望,人相食"①,卢氏县"旱,大饥,父子相食,死者不可胜计"②。

光绪四年,在陕西泾阳县,"大旱,民饥。人食树皮槐叶殆尽,饿殍盈野,人至相食"③,礼泉县"粮价奇昂,饿殍盈路,人相食"④,富平县"大饥,人相食"⑤。河南洛宁县"人相食,有父食其子,母食女,夫食其妻者,人死十之七八"⑥,安阳县"饿殍满野,人相食"⑦,原阳县"春大饥,人相食"⑧,宜阳县"人相食,甚至母食子肉,弟吞兄骨,先死者一家聚食,继死者依次吞啖,虽有情不忍食者,亦不敢野葬,穴圹于家,暂掩其尸"⑨。查阅多地文献,各地以不同的言辞记述了"人相食"的事实及发生的背景。在光绪四年,记载"人相食"这种现象的区域更多了,说明当时人们的生存条件更恶劣了。

对于惨不忍睹的"人相食"现象,文人记述时用墨相当慎重。"大饥"是这种现象发生的社会背景;"死者十之六七""死者十之七八""饿毙者三分之二"是这种现象发生时村落、城镇出现的情况;树叶、野草、草根、树皮等有机质已消耗殆尽是这种现象发生的环境背景,多方面的因素导致了"人相食"现象的出现。多地文献对"人相食"的具体方式未记述,因为大灾期间的幸存者很难见到这些具体的场景。河南洛宁、宜阳的地方志所描述的"人相食"的具体细节,可能来自少有的幸存者的转述。亲人离世,家人悲痛无疑。而眼前的情况是饥饿难忍,自己也即将被夺取生命,眼下能够使自己的生命得以延续的只有亲人的尸体。

　　　　　含泪忍痛食肉血,
　　　　　生命苟且再续延,

---

① 汪忠等:民国《密县志》卷19"祥异",民国十二年铅印本。
② 李旭春等:光绪《重修卢氏县志》卷12"祥异",光绪十八年刻本。
③ 刘懋官等:宣统《重修泾阳县志》卷2"祥异",民国三年铅印本。
④ 曹骥观等:民国《续修礼泉县志稿》卷14"杂记",民国二十四年刊本。
⑤ 谭麐等:光绪《富平县志稿》卷10"祥异",光绪十七年刻本。
⑥ 贾毓鹗等:民国《洛宁县志》卷1"祥异",民国六年铅印本。
⑦ 裴希度等:民国《续安阳县志》,卷1"大事记",民国二十二年刊本。
⑧ 耿愔等:民国《阳武县志》卷1"通纪",民国二十五年铅印本。
⑨ 刘占卿等:光绪《宜阳县志》卷2"祥异",光绪七年刊本。

若有来世再道歉,

感恩救命亲人缘。

一家去世,另一家来聚食,文明的人类在特定的环境中出现这种行为,这是否类似于动物界同类者的"相互取食"?

大旱不幸来人间,

饥饿降临某家园,

全家老小归西天,

邻家食肉生命延。

在动物界,一些动物以同种动物的死尸为食,在一定的环境下可救助一些个体使其生命能够延续。比如,狼群中出现病狼或受伤的狼,为了群体的整体利益,群狼会把这只狼吃掉。当然狼自然死亡后,其他狼吃掉这只狼,可作为应急的食物。在饥荒时期,人与人之间的关系也似乎回归到了动物之间的这种相互关系?

人口大量死亡。人口大量死亡是当时人工生态系统内部发生的重大变化。光绪三年,山西太原县"大饥,民死于饿者十之三四"[1],崞县"城乡饿死者犹枕藉,复施苇席卷瘗之"[2],芮城县"哀鸿遍野,流离死亡填坑溢谷"[3]。在陕西大荔县,"丁丑、戊寅大荒,贼伤、饿毙者减十之四"[4]。河南孟县"饥,卖价市斗钱两千,饿毙死者无数,几于村落为虚"[5],长葛县"大旱,今岁不雨,人死无算"[6],嵩县"死者十之四五,山谷居民十室九空"[7],荥阳县"人们死亡相继"[8],

---

[1] 王效尊等:光绪《续太原县志》卷下"祥异",第55页a。

[2] 潘肯堂等:光绪《续修崞县志》卷8"志余·灾荒",第602页b。

[3] 张亘等:民国《芮城县志》卷2"户口",第154页。

[4] 朱续馨等:光绪《朝邑县乡土志》"户口",民国四年铅印本。

[5] 宋立梧等:民国《孟县志》卷10"杂记",民国二十一年刊本。

[6] 刘盼遂等:民国《长葛县志》卷5"赈恤",民国二十年铅印本。

[7] 光绪《嵩县志》卷6"祥异",张德二《中国三千年气象记录总集》,南京:凤凰出版社,2004年,第3377页。

[8] 光绪《河阴志稿》卷3"祥异",张德二《中国三千年气象记录总集》,南京:凤凰出版社,2004年,第3375页。

南阳县"大饥,人多饿死"①。北方其他多个地域也记述了"人死无数""饿莩载道""道毙无数""村庄户绝半""死者相枕藉"等表示人口大量死亡的言辞。

光绪四年,山西岢岚县"春,饥民沿途,至死无归"②,长治县"城设粥厂,就食流民多毙于途,施木不继,以席代,后不甚埋,就于东南城外各里许两掘其地,深数丈,广数尺,标其上曰男丛冢,女丛冢,积死以千计,诚未有之奇灾也"③,"平陆县东乡、望原一带至南沟更苦,死亡十之七八"④,闻喜县"光绪三、四年比岁旱饥,户口减去大半,近古无比奇荒"⑤。陕西宜川县"夏秋间青黄不接,死人枕藉,有闭户一家俱死者,实浩劫也"⑥,南郑县"春饥甚,民多饿死"⑦,府谷县"人相食,死亡载道"⑧。河南商水县"大饥,流民载道,老弱多饥死"⑨,滑县"灾民死者十分之三"⑩,濮阳县"饥,人有饿死者"⑪,方城县"春荐饥,野多饿莩"⑫。北方其他多个地域的文献中也记述了"人多死亡""死亡益多""死亡过半""死亡枕藉"等言辞。

人口大量死亡的环境背景是:气候干旱导致环境中严重缺水,在一定的环境中严重干渴可导致一些人直接死亡;缺水的环境使一些人免疫力下降,很多人生病导致死亡;大旱导致草木枯萎,大量动物迁徙,多地农作物绝收,人们因饥饿而死亡。当时的社会背景是:干旱迫使农耕业停滞,市场米价昂贵,官方的救济能力远小于灾荒的强度;饥荒越来越严重,一些地域出现了偷盗、抢劫行为,社会秩序呈不稳定状态。人们死亡的原因差异较大,有的人饿死、病死

---

① 张嘉谋等:光绪《南阳县志》卷12"杂记",光绪三十年刊本。
② 袁锵珩等:光绪《岢岚州志》卷10"祥异",第617页b。
③ 杨笃等:光绪《长治县志》卷8"大事记",第1532—1533页。
④ 《申报》1879年11月8日。
⑤ 杨深秀等:光绪《闻喜县志补》卷1"蠲赈",第285页b。
⑥ 余正东等:民国《宜川续志》卷末"杂记",民国三十二年铅印本。
⑦ 蓝培原等:民国《续修南郑县志》卷7"拾遗",民国十年刻本。
⑧ 王九皋等:民国《府谷县志》卷8"大事记",民国三十四年刊本。
⑨ 杨凌阁等:民国《商水县志》卷20"人物",民国七年影印本。
⑩ 王蒲园等:民国《重修滑县志》卷20"祥异",民国二十一年铅印本。
⑪ 陈兆麟等:光绪《开州志》卷1"祥异",光绪八年刻本。
⑫ 张嘉谋等:民国《方城县志》卷6"灾异",民国三十一年铅印本。

在家中;有的死于就食、迁徙的途中,死亡的原因是饥饿、干渴、疾病;有的人在相互冲突中死亡;也有的人死于猛兽的袭击。文献中描述:尸体"填坑溢谷",挖有"男丛冢,女丛冢",有"闭户一家俱死者",多地"野多饿殍""死亡载道"等。从城镇到乡村,从村落到荒野,当时的人们无力埋葬,导致死尸遍布,或置于村落,或弃于野外。在当时的北方大地上,人口死亡的惨状目不忍视。

据李文海研究[①],山西太原府灾前人口 100 万有余,灾后仅余 5 万,减少了近 95 万。这些减少的人口由两部分组成,死亡一部分,迁往他乡一部分。究竟二者的比例是多少?这是较难论证的。不过此次大灾使大量人口死亡已经成为一个确切的事实。山西巡抚曾国荃对当时人口大量死亡的原因作总结:"大祲未已,瘟疫流行,小民非死于饥饿,即死于疾病"[②]。

关于动物死亡的历史文献记载,能够找到的很少。但可以推知,在植被大量死亡的生态环境中,食草动物只能被迫迁移或者死亡。光绪初年北方地区大面积干旱,这些食草动物迁移的可能性很小,大部分被人和食肉动物捕杀。一些生存能力较弱的食肉动物,它们的生存率也较低。生存能力较强的动物,比如狼、鼠等,生存的机会可能多一些。

人属于人工生态系统中的主要组成部分,在光绪初年的北方地区,人工生态系统有一个明显的特点是人口数量众多。人口大量死亡的事实既能说明人工生态系统被破坏得相当严重,也能推知自然和半自然生态系统也遭受了大的破坏,已经不适合于大量消费者生存。因为人工生态系统严重依赖于自然环境,人们必须从自然环境中摄取他们所需的饮用水、食物等。人工生态系统被破坏同自然生态系统和半自然生态系统被破坏是相伴随的。下文中还要分析由于瘟疫大范围流行使更多的人口死亡的事实。

(二)导致瘟疫的分解者大量出现

微生物属于生态系统中的分解者,它们对生态系统的平衡起着重要作用,是生态系统中不可缺少的组成部分。微生物的变化对生态系统的变化有着重

---

① 李文海:《中国近代十大灾荒》,上海:上海人民出版社,1994 年。
② 萧荣爵:《曾忠襄公全集 书札》卷 11,台北:成文出版社,1969 年,第 31 页。

要的指示作用。由于微生物肉眼难以看到,因此在古人的心中并没有"微生物"的概念,在文献中无直接记载微生物变化的资料。但可以通过人和动物死亡的情况,推知当时的疫情,从而得知微生物的变化情况。

光绪三年,瘟疫零散分布于一些地域。山西太原县,"是年大疫,死于病者相枕藉"①,交城县"夏秋大疫,伤人几半"②,和顺县"八月,牛大疫"③,新绛县"秋大疫"④,永济县"春疫。七月多蝇"⑤,临猗县"多疫疾,传染几于全家"⑥,"七八月间,亢旱之气不可逼近,又有瘟疫,人多喉痛症,死者甚多"⑦。陕西榆林县"大旱,人相食,饥民多疫死"⑧。河南鹿邑县"春大疫,民多死"⑨,兰考县"大疫"⑩,确山县"疫毙亦无算,病染,赈绅捐棺者二十余人,北郭外有义冢碑可考"⑪。河南地区的信阳、荥阳也有瘟疫流行的相关记载。

光绪三年是此次大灾的第一年,当年的秋冬季,死亡人数众多。瘟疫流行稍滞后于人和动物的死亡,在死尸遍地之后,才开始出现瘟疫的广泛流传。由于大量死尸未能被掩埋,环境中的分解者微生物缺少,促使微生物繁殖加快,其中致疫微生物的横行使人和动物大量死亡。该年的瘟疫零散分布于一些地域,在气候相对温暖的地区,瘟疫在春季开始流行,大部分地域的瘟疫出现在夏秋季节。这可能与该年夏秋季节一些地区的人和动物的死尸未能及时被掩埋有关。一些牲畜也受到致疫微生物的侵害而死亡。

---

① 王效尊等:光绪《续太原县志》卷下"祥异",第55页a。
② 夏肇庸等:光绪《交城县志》卷1"祥异",第83页。
③ 王玉汝:民国《和顺县志》卷9"祥异",第459页。
④ 张于铸等:光绪《直隶绛州志》卷20"杂志",第369页b。
⑤ 李无逸等:民国《虞乡县新志》卷10"旧闻考",第1052页。
⑥ 赵意空等:民国《临晋县志》卷14"旧闻记",第597页。
⑦ 潘罗龙等:光绪《续猗氏县志》卷4"祥异",第654页a。
⑧ 民国《榆林县志》卷10"祥异",张德二《中国三千年气象记录总集》,南京:凤凰出版社,2004年,第3369页。
⑨ 于沧澜等:光绪《鹿邑县志》卷16"杂记",光绪二十二年刊本。
⑩ 民国《考城县志》卷3"事纪",张德二《中国三千年气象记录总集》,南京:凤凰出版社,2004年,第3375页。
⑪ 张缙璜等:民国《确山县志》卷20"大事记",民国二十年铅印本。

光绪四年,疫情广泛分布于北方地区多个区域。据记载,山西寿阳县,"春夏疫,贫民饥疾死者二三万"①,长治县"春夏复大疫,饥病相困,居民死者十之三四"②,交城县"春,旱疫并行"③,隰县"春夏亢旱,大疫,尸骸枕藉,道路日毙无算,坑不能容"④,浮山县"春大疫"⑤,襄汾县"春大疫,民间死亡益众"⑥,万荣县"瘟疫流行,死人无算"⑦,"春夏饥,大疫,死者多人"⑧。光绪四年七月,稷山发生瘟疫,"初下泄,三数日即死"⑨,"自夏徂秋瘟疫流行,死者复相枕藉"⑩,屯留县"疫大作,自夏及秋死者甚众"⑪。《申报》对山西的疫情也作了记载,外国传教士魏文明于光绪四年二月底在山西徐沟施赈期间,"偶感风寒,后竟疫病染身,未及一月而殁"⑫。在山西平定、洪洞、文水、临汾、绛县和永济等地,也有疫情出现导致人员死亡的记载。

河南郾城县"三月大疫"⑬,荥阳县"春夏之交大疫,民死亡流离"⑭,项城县"五月大疫"⑮,中牟县"夏大疫,死者枕藉"⑯,鄢陵县"夏六月,瘟疫流行,死亡

---

① 马家鼎等:光绪《寿阳县志》卷13"祥异",第991页。
② 杨笃等:光绪《长治县志》卷8"大事记",第1532页。
③ 夏肇庸等:光绪《交城县志》卷1"祥异",第83页。
④ 王嘉会等:光绪《续修隰州志》卷4"祥异",第358页。
⑤ 张桂书等:民国《浮山县志》卷37"灾祥",第910页。
⑥ 刘师亮等:民国《襄陵县志》卷23"祥异",第836页。
⑦ 冯文瑞等:民国《万泉县志》卷终"杂记·附祥异",第809页。
⑧ 马坚等:光绪《荣河县志》卷14"祥异续",第780页。
⑨ 《岁荒记》,现存于稷山县太阳乡小阳村。
⑩ 马家鼎等:光绪《续修稷山县志》卷1"祥异",第32页a。
⑪ 杨笃等:光绪《屯留县志》卷1"祥异",第343页b。
⑫ 《申报》1878年8月1日。
⑬ 陈金台等:民国《郾城县志》卷5"大事",民国二十三年刊本。
⑭ 卢以治等:民国《续荥阳县志》卷12"灾异",民国十三年铅印本。
⑮ 施景舜等:民国《项城县志》卷31"杂事",民国三年石印本。
⑯ 熊绍龙等:民国《中牟县志》"祥异",民国二十五年石印本。

枕藉"①,孟县"八月瘟疫流行,死人无算"②,获嘉县"疠疫并作,且复死牛,黎民苦之"③。河南巩县、获嘉、武陟、范县、光山等地也有疫情出现并导致人和动物死亡的记载。在陕西蓝田县,"三月大疫,死者枕藉,治城之内烟户及客户每日死者不下十余口"④,大荔县"四月疫,府饬捐设茶厂五所,煮药以饮行人"⑤,华阴县"四月疫"⑥。陕西横山、府谷、米脂县都有"春大疫"的记载。

　　光绪四年是瘟疫流行速度最快的一年,山西、河南、陕西地区出现瘟疫的地域最多。该年大部分地区的瘟疫多出现在春夏干旱时期,死亡人数众多,也有的地域出现在秋季。初步分析北方地区疫情发作的地点,大致呈点状分布,未连成大片区域,说明瘟疫有多个源头。由于当时各地以自给自足的自然经济为主,再加交通不便,未出现大规模的人员流动,因而未造成瘟疫的大范围扩散。一些文献对人们发病的症状作了描述:"人多喉痛症""疫病染身,未及一月而殁""初下泄,三数日即死",说明当时致疫微生物的种类多,流传着多种疾病。致疫微生物传播的速度快、威力强,对人和动物伤害大。陕西大荔的衙门设茶厂煮药给人们治病,这一类的文献记述较少。但由此说明,在大灾期间部分地域的官方已经在无条件地组织人员救助灾民。

　　据《申报》载,光绪五年(1879),山西阳曲尉曹君致松江某君的书信中载:"去年春夏,瘟疫大作,死亡者不知凡几。即就省城及城外二三里内,无主并无力殡葬者,经局收埋一万二千有奇,官场道府至佐杂教官病故者将及三百人。"⑦《申报》对光绪四年春夏山西太原外围官方"掩埋野尸"的事实作了记述,由野尸的数量众多以及无人掩埋的事实推知,当时太原的疫情相当严重。

　　光绪三年致疫微生物活动于零星地域,这是瘟疫开始传播的显示。光绪四年致疫微生物猖獗于多个地域,而且异常活跃于春夏两个季节。其原因是,

---

① 苏宝谦等:民国《鄢陵县志》卷29"祥异",民国二十五年铅印本。
② 宋立梧等:民国《孟县志》卷10"杂记",民国二十一年刊本。
③ 邹鹄等:民国《获嘉县志》卷17"祥异",民国二十四年铅印本。
④ 牛兆濂等:民国《续修蓝田县志》卷3"纪事",民国三十年铅印本。
⑤ 周铭旗等:光绪《大荔县续志》卷1"事征",光绪五年刊本。
⑥ 张崇善等:民国《华阴县续志》卷8"杂事",民国二十一年刊本。
⑦ 《申报》1879年3月12日。

从光绪四年的春夏至光绪五年的早春这一时段,大量的人和动物因感染瘟疫而死亡,生存的人无力掩埋死尸,死尸暴野又导致瘟疫继续流行,人口死亡数量继续增加。光绪五年,仅在个别区域出现疫情。山西左云县,"夏有瘟疫"①。河南开封县,"春大疫,死者无算"②。这个时候,致疫微生物的异常活动基本消失,从而结束了瘟疫流行,这可能同光绪四年秋季连日降雨和冬季的连日大雪有关。长时间的雨雪使微生物的生存环境发生巨大变化,当时的环境中水分迅速增多,并经历了较长时段的异常寒冷,导致大量的致疫微生物死亡,瘟疫流行结束。

瘟疫广泛流行和大量人口死亡的事实直接反映了人工生态系统的大变化。分析瘟疫的广泛流行也可以推知当时的自然生态系统发生了变化。瘟疫在多个地方普遍流行,表明作为生态系统分解者的致疫微生物出现了异常增多的情况。由于自光绪三年的秋季至四年初春死亡的人和动物很多,于是尸体遍地。光绪四年春,随着气温逐渐升高,尸体开始腐烂,当时环境中待分解的人和动物的尸体很多,作为分解者的微生物数量严重不足。由于温度等环境条件和食物条件利于微生物的繁殖,使它们的数量猛增,也造成致疫微生物增多,导致瘟疫在多个地域出现,人和动物死亡人数增加。在当时的自然生态系统中,消费者大量死亡或迁移,生产者变少,分解者异常增多,这种生态系统内部结构异常变化的情况,表明当时的自然生态系统变化程度较大。

(三)社会应对灾害的局限性

关于光绪初年大旱发生时社会应对灾害的局限性,北方不同的地域情况差异较大,以下以山西地区为例论证这一部分内容。

农业结构变化导致粮食生产不足。光绪初年,随着列强入侵和传统的自给自足的自然经济被破坏,商品经济进一步发展,一些农耕者重视眼前利益而忽略粮食生产,国内大量种植罂粟,严重影响了粮食生产。大灾之后,山西巡抚张之洞言:"晋民好种罂粟,一几于无县无之,旷土伤农,以致亩无栖粮,

---

① 李翼圣等:光绪《左云县志》卷1"祥异",第136页b。
② 黄舒昺等:光绪《祥符县志》卷23"祥异",光绪二十四年刻本。

家无储粟,丁戊奇荒,其祸实中于此。"①从其言辞可知,农耕者受金钱欲望的驱使,使他们在灾前广泛种植罂粟,占用了很多农田,直接使粮食产量剧减,导致大部分农户没有存粮。储粮减少,粮仓系统被破坏,当大旱降临,便祸及众人。

由于罂粟对土地质量要求高,罂粟的大量种植占用了很多肥田沃地,农作物的播种面积剧减。由于经济作物大规模地取代粮食作物,对传统的农业经济结构造成巨大的冲击,使整个社会对灾害的抵抗能力减弱。在当时的山西缺少大、中型水库,人们没有能力利用深层地下水。因此,在特大干旱面前,日益减少的耕地资源也不能发挥其效益,粮食生产只能是歉收或者绝收。

官府救灾延误和实施不力。光绪二年,山西29个州县发生旱灾。②山西巡抚鲍源深于光绪三年三月上奏曰:"晋省上年歉收,饬属开仓赈济。"③他用"歉收"一词隐瞒了旱灾的实情,在灾情不严重的时候未展开实质性的救灾事宜。四月,他离任山西巡抚之前再奏:"讵意亢旱日久,官民捐赈力均不支,到处灾黎,哀鸿遍野。始则卖儿鬻女以延活,继则挖草根剥树皮以度餐。树皮既尽,亢久野草亦不复生,甚至研石成粉和土为丸。"④相隔仅一个月,他的上奏道出了实情,很快暴露了上次隐瞒灾情的事实。对于此次上奏,朝廷的回应是"地方灾歉全赖筹办得法,方可少苏民困"⑤。面对灾情,朝廷的回应也是令人失望,让地方多想一些救灾的办法。由此可知,地方官员的瞒报和朝廷的敷衍应对,使山西在灾情较小的时期错过了最好的救灾机会。

曾国荃上任山西巡抚后,他精心策划,救灾有方。⑥但随着旱灾的持续,人们的应灾能力在灾害面前显得愈来愈小,于是,实施不力的问题愈来愈严重。光绪三年九月二十二日,他参奏20名官员存在办赈不力的问题,"河津知县赵作霖,贪酷成性,不协舆情;大同知县启瑞浮犷贪鄙,擅作威福;闻喜知县谢均

---

① 许同莘:《张文襄公奏稿(三)》,第23页。
② 张德二:《中国三千年气象记录总集》,南京:凤凰出版社,2004年,第3352—3353页。
③ 《清实录·德宗景皇帝实录(一)》卷49,北京:中华书局,1987年,第688页。
④ 朱寿朋:《十二朝东华录·光绪朝》,台北:文海出版社,1963年,第391页。
⑤ 《清实录·德宗景皇帝实录(一)》卷51,北京:中华书局,1987年,第714页。
⑥ 参见《光绪三年赈灾章程》,《晋政辑要》卷18《恤政附》

巧猾任性,罔恤民隐…"①。从所奏内容可知,曾国荃参奏的这些官员是救灾不力的官员,这些官员把主要心思用于谋取私利,而且贪赃枉法。这样的官员带领百姓应对特大旱灾,其实施力度可想而知。客观地讲,即使一些州县的官员一心为民,在当时的生态、社会条件下,要想带领民众战胜光绪三年的特大旱灾,其困难也太大了。

  一些地区交通落后限制了抗灾行动。山西境内的山地和丘陵大约占百分之八十,客观上增加了交通运输的困难。光绪四年四月,清廷命将赈粮运往山西,运粮地位于直隶、河南和山东。当时朝廷筹集的赈粮"相距晋界均在千里之外,舍舟登陆,雇车极难。一入晋疆,则山径崎岖,道路逼仄。改用马骡驮运,辗转飞挽分拨灾区,有千数百里不等"②。从文献得知:赈粮进入山西必须"舍舟登陆",山西大部分地区不具备水运条件。在当时灾荒期间,能够找到的马车数量非常有限,在行进途中由于道路崎岖,只能通过"马骡驮运"。当时能够目睹的救灾场景是:"袋子装的、破车载的和跛骡驮的大批谷物,沿途络绎不绝。"③从赈粮队伍的场景,看到了朝廷救灾的艰难,同时也得知当时山西地区交通运输的落后。山西临猗县记载:"河南铁谢所运赈粮,又以脚夫贵不能即至,故民困莫苏,至有人相食者。"④这则文献告知:部分朝廷赈粮无法到达山西,因为前往山西要翻山越岭,骡马也不能行走,只能雇脚夫运送,而河南铁谢地区脚夫太贵,赈粮被迫停留于原地。

  光绪初年的山西地区,以畜力和人力为主要动力的交通运输,限制了当时朝廷的救灾,赈粮很难在短时间内运送到受灾区域以及灾民手中,朝廷的一些赈灾计划得不到实施。交通落后还限制了人们大规模迁移,使饥民走不出灾区,阻碍了民众的自我抗灾。大量饥民封闭在灾区,此次大旱波及的范围广,"今不止千里,又隔山险"⑤,饥民走向何方?很多人因干渴、饥饿、疾病死在家

---

① 《清实录·德宗景皇帝实录(一)》卷58,北京:中华书局,1987年,第799页。
② 王轩等:光绪《山西通志》卷182"艺文·荒政记"。
③ 马士:《中华帝国对外关系史(二)》,第339页。
④ 姚东济等:光绪《续修临晋县志》续下"祥异",第416页b。
⑤ 朱寿朋:《光绪朝东华录》,总第518页。

乡,有的人死在缓慢的徒步迁移途中。即使一些富户有马车,在特大旱灾期间,马的水草很难解决,这些马车也不能发挥运输的作用了,民众只能在相对有限的空间中寻找生存的办法。

由以上分析可知,灾前大面积种植罂粟,使农业种植结构发生了大的变化,导致粮食生产严重不足。旱灾初期官府救灾的延误和后期救灾的实施不力,以及落后的交通运输,限制了当时的抗灾行动,显示了当时社会应对特大干旱的局限性。

四、生态系统出现异常的原因

前部分叙述了生态系统变化过程中生产者、消费者和分解者分别表现出来的主要特征,结合生态系统变化的时间顺序,我们可将此次大旱导致生态系统变化的过程大致划分为三个阶段。第一阶段为光绪三年的春夏至早秋的农作物生长时期,该时段的主要特点是生产者大量死亡。第二阶段为光绪三年的秋季到四年早春,该时段的主要特点是消费者大量死亡。第三阶段为光绪四年的春夏至光绪五年的早春,该阶段的主要特点是分解者异常增多,致疫微生物横行导致瘟疫流行使消费者继续死亡。在生态系统变化过程中,构成生态系统各要素(生产者、消费者、分解者和非生物环境)之间的内在关系失去平衡,生态变化的一些特征便逐步显现出来:土壤、水等物质耗尽时,植物大量死亡;粮食等食物大量耗尽时,人和动物大量死亡;鼠、狼的食物严重短缺时,导致它们同人展开激烈的生存竞争;等等。

生态系统变化的过程是天地人这个大系统的运行过程。天指气候条件,地指大生态系统,包括自然生态系统、半自然生态系统和人工生态系统,人在不同类型的生态系统中扮演不同角色。生态系统发生变化主要是天对生态系统的作用和人对生态系统的作用共同造成的。极端干旱气候事件和光绪四年的秋涝和雪灾是天对生态系统的作用,人的极端生存行为是人对生态系统的作用。

(一)极端干旱气候事件是生态系统变化的主要原因

此次特大干旱事件持续近三年之久,旱灾波及山西、河南、陕西、河北、山东五省及苏北、皖北、陇东、川北等区。①以下文献中记录了相关的事实。

光绪三年,北方多地降水极少。山西巡抚在不同月份上奏朝廷的部分内容证实了这一事实。②五月上奏:"省上年秋稼未登,春夏又复亢旱,秋苗未能播种。"八月上奏:"山西亢旱,被灾甚重,河南亦被旱灾。""山西情形最重,河南稍轻。""省南荒旱尤甚,自夏徂秋,天干地燥,烈日如焚,补种之苗出土仍复黄萎,收成触望。"十月上奏:"本年山西春麦歉收,自夏徂秋未得透雨,禾苗枯槁,杂粮亦复黄萎。"十一月初八日奏:"晋省被旱成灾已有七十六厅州县,因日久无雨,禾苗日就枯槁。"另据《中国三千年气象记录总集》知,光绪三年,仅山西地区75个县有旱灾记录,而且大部分县出现重旱灾。③光绪四年,北方地区春夏干旱严重。仅山西地区有13个县出现春旱,6个县出现夏旱,春夏连旱的县有25个。④以上文献整体叙述的是光绪三年山西、河南干旱的严重性。还有几个细节:山西巡抚上奏的几个时间是五月、八月、十月、十一月;五月上奏的内容还有"上年秋未稼登";光绪四年"春夏干旱严重"。由此得知,此次干旱时间开始于光绪二年,干旱最严重的时期是三年至四年春夏。仅从干旱持续的时间以及干旱的强度来看,此次干旱可称得上是一次较大的干旱事件。

陕西地区旱情也十分严重,民国《续修陕西通志稿》载:"陕西大旱,粮价腾踊,饥民嗷嗷待哺。谨按陕西凶荒,自道光二十六年以来,最重者莫如光绪三年,雨泽稀少,禾苗枯萎,平原之地与南北山相同,而渭北各州县旱尤甚,树皮草根掘食殆尽,卖妻鬻子时有所闻。光绪三年春至六月不雨,奉文清查户口,分上中下三等为散赈地,时白崖湖竭,麦歉收,秋亦无望。八月仍不雨,麦失种,时斗米钱九百零。九月价昂贵,牛羊鸡犬及果蒂、草根、木叶、树皮取食

---

① 张德二:《中国三千年气象记录总集》,南京:凤凰出版社,2004年,第3343—3405页。
② 王轩等:光绪《山西通志》卷182"艺文·荒政记"。
③ 张德二:《中国三千年气象记录总集》,南京:凤凰出版社,2004年,第3363—3366页。
④ 张德二:《中国三千年气象记录总集》,南京:凤凰出版社,2004年,第3383—3386页。

殆尽。十月设赈局。"①以上文献记述陕西地区光绪三年"春至六月不雨""八月仍不雨";从道光二十六年(1846)至光绪四年(1878),此次干旱是 32 年来最严重的一次。陕西《三原县新志》记载:"三、四两年,皆大旱。"②此次大旱不仅发生在晋、豫、秦这些地域,在直隶、山东的一些区域干旱也较为严重,那么光绪初年的大旱应是发生在北方地区的一次极端干旱事件。此次极端干旱事件发生的气候背景是东亚夏季风活动减弱,使季风雨带的推进过程和降水特征发生变异③,导致北方大部分地区降水异常减少。

在自然生态系统中,非生物环境由阳光、热量、水分、岩石等物质组成。在干旱持续期间,阳光、热量是充足的,岩石等无机物质未发生大的变化,而水分出现了严重短缺。由于水分严重短缺,导致水循环出现异常,地下水和河水的流动变缓甚至枯竭,水向土壤下渗减少或停止,导致地下水位下降,土壤严重缺水。由于营养物质和水分不能从根部输入,导致植物既缺乏水分,又缺乏养分元素,使绿色植物的光合作用受到限制,产生的有机质很少。各级消费者设法寻找生存的机会,继续消耗有机质,于是整个自然生态系统中的有机质越来越少。

总的来说,水分严重短缺使整个自然生态系统的物质、能量循环受到严重影响,自然生态系统内的多个要素发生异常变化,导致自然生态系统发生大变化。由于严重缺水导致禾苗大量枯萎,农作物的收成严重受损,半自然生态系统也发生变化。随着自然生态系统和半自然生态系统的变化,人们从环境中不容易得到他们所需要的食物和水等生活物资,他们的生活方式和生产方式也发生了很大的变化,同时社会环境中的政治、经济、法律等秩序也受到严重的冲击,人工生态系统的变化程度逐渐加深。

综上所述,夏季风活动异常减弱引起的极端干旱气候事件是造成北方地区生态系统发生大变化的根本原因。干旱引起的水分严重短缺导致了一连串

---

① 吴廷锡等:民国《续修陕西通志稿》卷 127"荒政",民国二十三年铅印本。
② 贺瑞麟等:光绪《三原县新志》卷 8"杂志",光绪六年刻本。
③ 满志敏:《光绪三年北方大旱的气候背景》,《复旦大学学报》(社科版),2000 年第 6 期,第 28—35 页。

的生态变化,即植被枯萎、大量的人和动物死亡以及瘟疫广泛流行等等,造成了各类生态系统的大变化。

(二) 冬、夏季风强烈是生态系统变化的自然动力

光绪三年至四年夏季发生大旱灾之后,四年秋季多个地域出现连日降雨,一些地区发生了雪灾,五年春异常天气现象不断发生。

多个区域发生秋涝。北方一些地域夏季开始出现连日降雨。光绪四年,山西右玉县"六月,西南乡高升庄一带水灾,夏秋禾稼皆伤"[1],代县"七月水峪河暴涨,坏民庐舍"[2],崞县"北桥河大水,冲坏民田无数"[3]。在一些区域,秋季连日降雨致使将要成熟的农作物霉烂变质。山西昔阳县"雨伤稼,谷皆黑"[4],平定县"九月霖雨,谷尽黑,味亦变"[5],介休县"宋家圪塔等十三村,汾河出,淹没秋禾"[6],沁源县"九月大雨,初五日至初九日大雨昼夜不止。十五六日始霁,禾尽压,米粒霉烂"[7]。河南获嘉县"七月大雨连绵,沁河决,水势泛滥十数日。九月又大雨,水复大涨"[8],武陟县"七月沁河决原村,复决老龙湾"[9],修武县"七月二十三日夜半,沁决武陟老龙湾。九月初五日至十七日,大雨连绵十二日,水复大涨,高于前二尺,水挟沙来,水退沙积,适西北风起,旋成大阜,县南一带之田半为沙压"[10]。由以上记载得知,大范围的秋雨使谷物变黑霉烂,河水淹没庄稼,损毁农田房屋。

以下地域记述了秋雨持续的时间。在山西武乡县,"秋九月,霪雨十余日,

---

[1] 霍殿鳌等:民国《马邑县志》卷1"灾祥",第76页。
[2] 光绪《代州志》卷12"大事记",张德二《中国三千年气象记录总集》,南京:凤凰出版社,2004年,第3383页。
[3] 潘肯堂等:光绪《续修崞县志》卷8"志余·灾荒",第602页b。
[4] 李光宇等:民国《续修昔阳县志》卷1"祥异",第65页。
[5] 张彬等:光绪《平定州志》卷5"食货志·祥异",第176页a。
[6] 董重等:民国《介休县志》卷3"大事",第77页。
[7] 阴国垣等:民国《沁源县志》卷6"大事考",第628页。
[8] 邹鹄等:民国《获嘉县志》卷17"祥异",民国二十四年铅印本。
[9] 史延寿等:民国《续武陟县志》卷2"沿革",民国二十年刊本。
[10] 萧国桢等:民国《修武县志》卷16"祥异",民国二十年铅印本。

禾粟尽秕烂,岁仍歉"①,曲沃县"秋九月,霪雨三十余日,麦稍有种"②,永济县"八月,霪雨连绵四十余日,麦晚种"③。由此可知,此次秋雨由山西中部绵延到西南地区,降水日数由"十余日"到"三十余日"再到"四十余日",一些地区出现了严重的秋涝。在河南范县,"八月霪雨连旬"④,濮阳市"九月大雨十余日,河决茅茨庄,州境被水者百一十余村"⑤。由以上记载可知,此次连日降水强度大且持续时间长,使"禾粟尽秕烂",淹没农田村庄,导致一些地区推迟种麦。

由以上文献得知,从光绪四年农历七月至九月,北方多个地域连日降雨形成涝灾,部分庄稼霉烂变质,一些草本植物被雨水腐蚀。一些区域发生洪灾,洪水淹没了农田和家园。此次秋涝使经历大旱之后的北方地区脆弱的生态系统中的生产者减少,致使消费者的食物更为短缺。

部分区域发生雪灾。一些纬度较高或海拔较高的区域连日降雨过后,紧接着连日降雪。山西左云、忻州、定襄三地位置偏北,纬度较高,初秋出现了降雪天气。在左云县,"至六月,大雨霖。九月,重阳日雪深一尺有余"⑥,忻州"九月寒露前五日,大雪二尺余,压禾,折树枝"⑦,定襄县"九月九日大雪,杀禾折木"⑧。在一些纬度偏低而海拔较高的区域也有降雪天气的记载,如太行、太岳山区出现降雪天气。在山西壶关县,"秋八月雨雪,复霪雨至月终方止,禾尽伤"⑨,高平县"七月半后,阴雨连旬。晴时复有冷雾,田禾俱回津,秕多粒少。

---

① 光绪《武乡县续志》卷2"灾祥",张德二《中国三千年气象记录总集》,南京:凤凰出版社,2004年,第3384页。
② 仇汝功等:民国《新修曲沃县志》卷30"灾祥",第687页b。
③ 李无逸等:民国《虞乡县新志》卷10"旧闻考·祥异",第1052页。
④ 荣相鼎等:宣统《濮州志》卷2"年纪",宣统元年刻本。
⑤ 陈兆麟等:光绪《开州志》卷1"祥异",光绪八年刻本。
⑥ 李翼圣等:光绪《左云县志》卷1"祥异",第136页a。
⑦ 方渊如等:光绪《忻州志》卷39"灾祥",第494页a。
⑧ 邢澍田等:光绪《定襄县补志》卷1"星野志·祥异",第230页b。
⑨ 光绪《壶关县续志》卷上"纪事",张德二《中国三千年气象记录总集》,南京:凤凰出版社,2004年,第3384页。

九月至初七日大雨,至初九日夜半复大雪,十九日方晴,已成未成田禾被伤更甚"①,沁州"九月大雨雪,初五日大雨昼夜不止,至初九日忽变为雪,积厚尺余,至十五六日始霁,时木叶未脱,老树皆摧折。秋禾方熟,收未及半,为雪所压,谷皆变黑有生芽者"②,榆社县"九月大雪,禾稼冻死"③。以上文献对北方纬度偏高和海拔较高的地区普降大雪作了记载,降雪导致天气异常寒冷,未成熟的庄稼被冻死,一些成熟的庄稼被大雪覆压导致颗粒发霉。一些草木被冻死,大旱后幸存的野生动物有的被冻死,有的因雪灾导致食物短缺而饿死。

多地天气出现异常。光绪四年冬至五年春,北方多地出现大风、雨雹等异常天气现象。光绪五年,在山西左云县,"春闰三月二十一日,大风飞沙,白昼如夜,城内居民张灯,自辰至未风转,天风黄沙"④,崞县"三、四月间有旱魃之谣,乡民以面为猪羊祭之,即雨"⑤,寿阳县"四月二十八日申时,大雨雹,西北乡被灾"⑥,洪洞县"正月朔,大雨雪。三月二十七日雨雪"⑦,永济县"正月元日,大雪四五寸。三月十六日大风雨一日夜,时雨可喜,而牲畜价昂,人多入南山"⑧。在河南睢县,"三月十七日,大风雷雨,禾木坏,是夜寒甚,雪深七寸"⑨,淮阳县"春三月十七,树介,枝尽折"⑩,许昌县"春三月十六日,大风;十七日,微雨;十八日,迅雷烈风,大雨冰,树木皆折,榆柳皆折,平地冰约尺许,麦茎皆僵,拂之辄碎"⑪,郾城县"三月十六日,风雹,大寒,雨雹霰雪,大风寒;次日冰,伤折树木无数,麦茎若僵,拂之辄糜。时大祲后,人人皆恐,尚有麦。六月,五

---

① 光绪《续高平县志》卷12"祥异",张德二《中国三千年气象记录总集》,南京:凤凰出版社,2004年,第3384页。
② 吴承恩等:光绪《沁州复续志》卷4"灾异",第436页b。
③ 王家坊等:光绪《榆社县志》卷10"灾祥",第671页。
④ 李翼圣等:光绪《左云县志》卷1"祥异",民国年间石印本。
⑤ 潘肯堂等:光绪《续修崞县志》志余,光绪八年刻本。
⑥ 张嘉言等:光绪《寿阳县志》卷1"祥异",光绪八年刊本。
⑦ 王顾斋等:光绪《洪洞县志稿》卷16"杂记",光绪八年纂成志稿。
⑧ 张元懋等:光绪《永济县志》卷21"艺文",光绪十二年刻本。
⑨ 徐绍康等:光绪《续修睢县志》卷12"灾异",光绪十八年刻本。
⑩ 朱撰卿等:民国《淮阳县志》卷20"祥异",民国二十三年铅印本。
⑪ 张廷馥等:民国《许昌县志》卷19"祥异",民国三年石印本。

沟营大风为灾"①,临颍县"春三月十六日,大风;十七日,微雨;十八日,迅雷烈风,大雨冰,树木皆折,榆柳皆折,平地冰约尺许,麦茎皆僵,拂之辄碎"②。大风致使北方多地出现沙尘天气,大风折断树木,损毁禾苗。一些区域的降雪使作物受到冻害,多地的雨雹摧毁作物。这些异常天气现象的发生,使刚刚开始恢复的生态系统中的生产者严重受损,给野生动物的生存带来危害,给人们的农耕和生活带来不便。

由以上分析得知,此次涝灾、雪灾以及大风雨雹等灾害的发生,导致自然生态系统中的动物陷入了生存灾难。由于深秋气温较低,植物光合作用对有机质积累所起的作用较小。雪灾使一些草木冻死,一些地域大雪覆盖了地表,使现存的一些有机质不能被消费者所利用。这样消费者之间在光绪四年的秋后生存竞争更为激烈,于是更多的人和动物由于缺少食物和异常寒冷而死亡。涝灾和雪灾也使当时正在生长的农作物大量霉烂和冻死。大风雨雹损毁了一些草木的枝叶,使动物的生存环境变得更加恶劣。但降雨、降雪、降雹使环境中的水分增多,大量水分的注入有利于各类生态系统的恢复。由前文可知,光绪四年广泛传播的瘟疫在光绪五年基本消失,可能是雪灾导致的异常寒冷使致疫微生物大量死亡,从而结束了瘟疫的流行。不过此次的涝灾和雪灾以及大风雨雹对当时的自然生态系统、半自然生态系统和人工生态系统也产生了一些破坏作用。

以上几种异常天气现象的发生都与冬、夏季风的强烈有关。光绪四年秋季的连日降水的大气环流运行机制是:夏季风很强烈,源源不断地输来暖湿气流,较强的冬季风对暖湿气流形成一种阻挡,于是湿润气流长期滞留,出现了大范围、长时间的降水。降雪与降雨的形成机制相同,在暖的区域降雨,在冷的区域降雪。五年春季的大风是冬季风强烈的直接显示,一些地区甚至在初夏大风日数还多,说明该年冬季风退去比常年较迟。冬、夏季风强烈引发涝灾、雪灾、风灾等灾害,使当时脆弱的生态系统发生较大的变化,可见冬、夏季风强烈成为此次生态系统变化的一种自然动力。

---

① 陈金台等:民国《鄄城县志》卷5"大事",民国二十三年刊本。
② 管大同等:民国《重修临颍县志》卷13"灾祥",民国五年铅印本。

(三) 人们的极端生存行为使生态系统变化程度加深

生态系统变化使人们出现严重的食物短缺,而食物短缺导致很多人出现了生存危机,为谋求生存,人们剥树皮,挖草根,猎杀、宰杀动物,以至于"人相食",出现了一些极端的生存行为。

采集草根、树皮和杀戮动物加快生态系统变化。严重干旱导致植被枯萎,但树皮草根尚存,人们便把它们作为采食的对象。光绪三年,在山西凤台县"大旱,野无青草,人食树皮草根"①,襄汾县"被旱成灾,赤地千里,民食柿叶、蒺藜、树皮、草根等"②,浮山县"禾苗尽枯,麦种未播,饥民糊口无资,搜食树皮草根"③。前文已列举了大量的关于北方地区人们吃树皮、嚼草根的相关文献。

人们宰杀家畜也是谋求生存的一种办法。光绪三年,在山西万荣县"夏秋旱,麦未种。大饥,屠牛马,种几绝"④,凤台县"大旱,野无青草,人食树皮草根,牛马鸡犬皆尽"⑤。光绪四年,在山西临猗县"春夏旱,荒尤甚,犬马之属已宰割无余"⑥。关于猎杀野生动物的事实,文献中记载很少。可是,在饥民遍地的环境中,人们一定能够想到野生动物资源的存在,并且进行了捕杀的行动。当时的人们挖草根、剥树皮,对残留的植物体进行采集,破坏了植被在短期内的再生能力,猎杀野生动物使动物种群的延续受到严重影响,整个自然生态系统的变化程度加深。

"人相食"使生态系统变化程度加深。随着环境中可食的东西愈来愈少,"人相食"这种极端异常的行为出现了。光绪三年,在山西临县"嗷嗷待哺者

---

① 光绪《凤台县续志》卷4"纪事",张德二《中国三千年气象记录总集》,南京:凤凰出版社,2004年,第3364页。
② 娄道南等:光绪《太平县志》卷14"祥异",第503页a。
③ 张桂书等:民国《浮山县志》卷37"灾祥",第910页。
④ 马坚等:光绪《荣河县志》卷14"祥异续",第779—780页。
⑤ 光绪《凤台县志》卷4"纪事",张德二《中国三千年气象记录总集》,南京:凤凰出版社,2004年,3364页。
⑥ 光绪《续修临猗县志》卷14"祥异",张德二《中国三千年气象记录总集》,南京:凤凰出版社,2004年,第3386页。

已不知几千万家,尸骸枕藉,有杀人而食者,刳肉而卖者"①,洪洞县"树皮草根搜剥殆尽,人相食,饿殍盈途,目不忍视"②,稷山县"树皮、草根、干泥、雁粪俱搜括充饥。冬,盗发冢,祖孙父子母女夫妇兄弟相食,道殣相望"③。在前文中,已列举了该年大量的关于北方地区"人相食"的相关文献,分别以不同的言辞记述了"人相食"的事实及其发生的环境背景。

光绪四年,记载"人相食"这种现象的区域更多了,说明当时人们的生存条件更恶劣了。在山西襄垣县"连年荒旱,本年尤甚,糠秕草根全无,人民倒毙,道殣相望,至互相杀食,荒郊僻巷人不敢独行"④,汾西县"道殣枕藉,人相食,村落为墟"⑤。在北方其他地区该年也有"人相食"的情况,前文已列举了这些文献。从大量文献得知,冬季和春季"人相食"的现象更多,说明冬、春季的环境中可供人食用的东西更少了。当年《申报》记载了重灾区"人相食"的一些行为:"即已葬之尸亦遭刨食,即有预防锁寄屋中亦被人盗去充饥,且不惟自食也。更有盗卖之人,小易成大,遂有专屠人而食者。"⑥再听食人犯之言,更能体会"人相食"这种事实的逼真。光绪四年二月,赈灾官员李用清讲述所审讯食人犯之言:"女肉美于男肉,小儿之肉尤美。腰以上之肉煮则化而为油,腰以下乃成块。人头最易熟,被火一燎即可食,每食一脑可数日不饥。"⑦这些惨不忍睹的历史事实,给读者身临其境的感触。

"人相食"是人们饥饿难忍的情况下谋求生存的一种走投无路的选择,是人们适应极端恶劣环境的行为,这种行为不仅违背了伦理道德,触犯了王法,也使人工生态系统变化程度加深。但从人工生态系统长远运行的角度来讲,"人相食"客观上使一部分人充分利用另一部分人人体中的营养物,能够使部分人维持生存,这是人工生态系统内部物质和能量转移的一种方式,是在极端

---

① 吴命新等:民国《临县志》卷17"著述·荒年记",第502页。
② 韩垌等:民国《洪洞县志》卷18"杂记",第1749页。
③ 马家鼎等:光绪《续修稷山县志》卷1"祥异",第32页a。
④ 王维新等:民国《襄垣县志》卷8"旧闻考",第678页。
⑤ 周凤翔等:光绪《汾西县志》卷7"祥异",第70页a。
⑥ 《申报》1878年3月29日。
⑦ 李用清:《大荒记》,民国《昔阳县志》,卷四之二,民国三年手抄本。

的环境条件下系统内部进行自我调节和维持运行的一种方式。

以上众多文献复原了饥荒年间人们谋求生存的种种极端行为,这些行为是生态系统大幅度变化所导致,反过来又使生态系统变化程度进一步加深。

五、生态系统异常变化对社会的影响

(一) 社会秩序紊乱

光绪三年、四年的大灾延续过程,也是整个生态系统大幅度变化的过程,伴随着生态系统的变化,社会多方面的秩序出现异常。

无法从事农耕业。在光绪初年,北方地区的农耕业主要依靠天然降水,一旦出现异常干旱,便失去了发展的条件。从事农耕业的人们被迫离开农田寻找别的谋生之路,而从事其他行业的人大多放弃原来的职业前往他乡另寻生路。在山西浮山县,"毁家失业者甚多,富室亦空,沃产良田反成累赘"[1];在万荣县,"白面书生寻佣工,红粉佳人屡次嫁"[2];临晋县的不少民众"去产变业,艰苦情形不堪言状"[3]。由这些事实得知,当大灾降临,不论贫富贵贱,无人能免遭灾难。面对饥渴、疾病困扰,一部分人死亡,一部分人迁徙,很多个家庭被毁掉了,幸存的人们多成为逃荒落难者。豪门富室变得空荡无人,沃产良田无人耕种。为了谋求生存,人们竭力寻找能够"糊口"的地方,给富家当佣工,嫁给富人做小妾等,能有这些机会还是当时的幸运者。更多的人无法找到从业的机会,在困境中寻求生存的办法,最后永远流落、消失在寻找生存的道路上。

城镇居民买粮困难。在这长时段的饥荒时期,城镇的粮食等生活用品的供应处于停滞或半停滞状态。光绪三年,河南柘城县"斗米钱两千"[4];为了救助百姓,南乐县"知县吴承钧劝捐,贩谷平粜"[5]。山西孝义城镇的粮食供应紧

---

[1] 张桂书等:民国《浮山县志》卷37"灾祥",第910页。
[2] 《荒年志》,现存万荣县光华乡南火上村,立于光绪六年三月初一。
[3] 赵意空等:民国《临晋县志》卷14"旧闻记",第597—598页。
[4] 傅钟俊等:光绪《柘城县志》卷10"灾祥",光绪二十二年刻本。
[5] 武勋朝等:光绪《南乐县志》卷7"祥异",光绪二十九年刻本。

缺,有"民间籴粜维艰,境内遂大困"①的记载。光绪四年,在陕西宜川县,"当大旱之际,每升米钱四百,每斗麦钱四千,良田十亩变价不得一饱"②。到了光绪五年,大部分地域农耕业恢复正常,粮价有所回落,但仍然远高于平常年份,以下文献可证实。河南郑县"岁大熟,高粱斗钱八十文"③,荥阳县"麦丰收,每斗二百文"④。在当时的社会,大部分人从事农耕业,但也有从事其他手工业的人,他们多生活在城镇。在气候平常年份,大部分地域的农耕者收获的粮食足可供应当地城镇居民的消费,以此为基础才出现了各地手工业的繁荣。可在大灾年份秩序变了,一些地方粮食产量大减,一些地方颗粒无收,农耕者无法维持自我生存。在此次大旱中,山西、河南灾情最为严重,这两地粮价很高。河南南乐知县吴承钧的做法应该向多地推广,他抑制了该县的粮价,解救了众多百姓,他本人一定受到了百姓的拥戴。事实证明,在饥饿时期,粮食是最有价值的东西,正所谓十亩良田难买一顿饱餐。

在严重饥饿的痛苦中求生存。面对突如其来的大旱,人们无所适从。大多数民众世代靠天吃饭,他们家中的余粮较少。维系一段艰辛的日子以后,有的人离开了世代耕种的土地迁往他乡。河南项城县"西北一带逃亡者无数"⑤。这些离开家乡的人多数难以找到好的生存办法,因为此次灾荒波及的范围太广了。当时的清王朝已有二百多年的历史,应该积累了较为完善的社会管理制度,可是当时的事实是:一些地方没有办法把赈灾物资送到灾区。光绪四年,"陕西米粟不通,河南铁谢所运赈粮,又以脚夫贵不能即至,故民困莫苏"⑥。由于原有的市场管理秩序被打破,人们在市场上买不到粮食。官方赈灾的粮食运送时又找不到"脚夫",官方对赈灾的运行难以掌控。

在受灾严重的地区,活着的人大多成了饥民。光绪四年,陕西宜川县"谷

---

① 光绪《孝义县续志》卷1"祥异",张德二《中国三千年气象记录总集》,南京:凤凰出版社,2004年,第3364页。
② 余正东等:民国《宜川续志》卷末"杂记",民国三十二年铅印本。
③ 刘瑞璘等:民国《郑县志》卷1"祥异",民国二十年重印刊本。
④ 卢以治:民国《续荥阳县志》卷12"灾异",民国十三年铅印本。
⑤ 施景舜等:民国《项城县志》卷31"杂事",民国三年石印本。
⑥ 姚东济等:光绪《续修临晋县志》续下"祥异",第416页b。

糠糜衣每升钱百余,亦不得有,草根树皮都挖剥尽"①。山西临县"嗷嗷待哺者已不知几千万家"②。当时的灾情,对于现代人来讲是难以想象的。谷糠在平常年份是用来喂猪的,当灾荒延续到一定程度,用高价也难以买到。野外的草根树皮被饥饿的人们挖剥殆尽,这样的灾荒场景若再延续下去,情况又是如何?当时的北方地区有多少人在死亡线上挣扎?

(二)道德、法律秩序遭受严重冲击

随着社会秩序的紊乱,一些违背道德、法律的行为在社会上出现,随着灾荒的延续,这些行为不断升级。

买卖妇女现象增多。在一定的情境中,卖女卖妻可让一个家庭的人们换取生存的饭食。在河南正阳县,"饥民率妻女来邑境,价卖财婚者络绎不绝"③;在汝南县,"变卖妇女暂资糊口,沿途经过,触目皆然"④;许昌县"各镇立卖人市"⑤;中牟县"春大饥,民鬻妇女,流亡载道"⑥。在陕西宜川县,"红颜少女随人自配"⑦。在山西临晋县出现了"鬻妻卖子"⑧现象。当家庭的口粮变得非常紧缺时,卖女卖妻可换取一些粮食以维持家庭其他成员的生存。在封建社会的传统意识里,男主人是一家之主,家人不能离开他。儿子是家庭香火的延续者,不能丢弃。女儿迟早要嫁人,妻子可以再娶,于是卖女卖妻成为一些家庭维持生存的办法。再者,女儿和妻子若另有主家收留,她们便有饭吃了,在这个世界上也可以继续生存,这对妻女也是有益的,于是多个地域出现了买卖妇女的市场。更有甚者,山西临晋县出现了"卖子"的情况,可以想象当时生存的艰难。这些事实,在气候正常年景从社会的伦理道德这个角度来思考,属

---

① 余正东等:民国《宜川续志》卷末"杂记",民国三十二年铅印本。
② 吴命新等:民国《临县志》卷17"著述·荒年记",第502页。
③ 陈全三等:民国《重修正阳县志》卷3"大事记",民国二十五年铅印本。
④ 李成均等:民国《重修汝南县志》卷1"大事记",民国二十七年刊本。
⑤ 张庭馥等:民国《许昌县志》卷19"祥异",民国十二年石印本。
⑥ 熊绍龙等:民国《中牟县志》"祥异",民国二十五年石印本。
⑦ 余正东等:民国《宜川续志》卷末"杂记",民国三十二年铅印本。
⑧ 赵意空等:民国《临晋县志》卷14"旧闻记",第597页。

于违背伦理道德的做法。若从饥荒年景的角度考虑,从维持家族延续的效果来讲,这是否违背了伦理道德,还需人们进一步深思。

偷盗、聚众抢夺现象增多。当生活艰难的时候,伙计盗劫主家的现象常有发生。在山西万荣县,"家内偷盗,得财伤主者难计其数"①。偷盗现象已经跨越了道德底线,开始触及王法。不过,偷盗毕竟是偷偷摸摸地进行,对社会秩序扰乱程度较小。在山西稷山县,"蠢动者啸聚掠粟"②。灾后平陆县的碑刻载:"饥民不安本分者,结党成群,昼夜刁抢。"③在临猗县,"盗贼蜂起,肆行抢掠"④。当民众无法正常生活的时候,他们便互相招呼着,然后聚集在一起抢夺富户人家。程度加深时,便出现了"盗贼蜂起""结党成群"的态势。于是,社会的安定秩序被破坏了,当时家规的束缚、村规的制约甚至王法对人们行为的约束都基本无效了。这个时候,普通百姓的生活出现了雪上加霜的情景。

从"吃人肉"到"猎杀人"。在一些环境中,吃人肉是维持一部分人生存的办法。在河南宜阳县,"人相食,甚至母食子肉,弟吞兄骨,先死者一家聚食,继死者依次吞啖,虽有情不忍食者,亦不敢野葬,穴圹于家,暂掩其尸"⑤。在山西稷山县,"盗发冢,祖孙父子母女夫妇兄弟相食"⑥。在食物严重短缺的时期,环境中可食的东西太少了,大量的牲畜被宰杀,野生动物被猎杀,谷糠、草根、树皮等可食的有机物不断地被消耗殆尽。这个时候,仍然艰难地生存着的人只能想到:去世的人其实可以作为其他人的食物,但由于道德的约束,人们很难做出越格的行为。如果饥饿还在延续,在一定的环境中,这些约束有时会消失。当人们接近死亡线的时候,吃死去的人的肉便觉得不足为奇了,为了活命,伦理道德已经被置之不顾了。亲人的肉亲人吃,若不忍心吃,他人也会吃掉。亲人死去,可把这些"肉食"暂存于家中,能让活着的人的生命多延续

---

① 《荒年志》,现存于万荣县光华乡南火上村,立于光绪六年三月初一。
② 马家鼎等:光绪《续修稷山县志》卷1"祥异",第32页a。
③ 《荒年后掩葬暴骨墓记》,现存于山西平陆县洪池乡上洪池村,立于光绪五年二月初二。
④ 赵意空等:民国《临晋县志》卷14"旧闻记",第597页。
⑤ 刘占卿等:光绪《宜阳县志》卷2"祥异",光绪十七年刊本。
⑥ 马家鼎等:光绪《续修稷山县志》卷1"祥异",第32页a。

几日。

亲人离开人世,活着的家人吃亲人的肉,是为了让活着的人继续活下去。这种做法同传统的道德规范相对照,似乎是虐待了"逝去的亲人",让他们的灵魂不能安息。但若换一个角度看,以"逝去的亲人"的肉体让"活着的亲人"再多活一些日子,是"逝者"救"家人"的命,这是否把道德规范提升了一个层次?因此,在灾荒的绝境中,道德规范的内涵需要不断补充完善。

文献中提到的"人相食"还有一种行为变了性质,触犯了王法。在山西临县"有杀人而食者,割肉而卖者"①的情况。襄垣县出现了"道殣相望,至互相杀食,荒郊僻巷人不敢独行"②的恐惧环境。有的人为了食肉而杀人,把人肉换为钱财。在一些环境中,拦路打劫现象增多,人们的生命安全得不到保障,这些行为的发生主要是由于人们实在找不到糊口的食物。还有一个重要原因是在当时的生态、社会条件下,制止这些行为的力量较为微弱。以上现象说明:当时的社会制度维系的正常道德、法律秩序被冲破,人们的道德、法律观念已被抛弃,朝廷的王法无法实施,以至于人们对此毫不顾忌。

以上这些事实可启发更多的思考:在大灾荒期间,究竟规范的道德法律秩序是什么?一位吃人肉的妇女被抓后接受审讯,她反问审讯的官员:"既然狗吃人肉合法,那为何对于我们这些没有食物可吃的人来说吃人肉就是犯法的呢?"③对于这种反问,审讯官员无法回答。以这句话作为思考的由头,那么处于绝境中的人们想办法维持生存合理吗?还是尊重正常年景的道德法律规范合理?由此看来,关于道德法律秩序的内涵还有更多需要探索补充的问题。

(三)对北方地区农耕业造成严重冲击

劳动力短缺影响灾后耕种。在光绪三、四年的大灾期间,社会成员生命损失巨大,直接造成劳动力短缺,而劳动力短缺严重影响了灾后农作物的耕种。

---

① 吴命新等:民国《临县志》卷17"著述·荒年记",第502页。
② 王维新等:民国《襄垣县志》卷8"旧闻",第678页。
③ "Report by Mgr. Luigi Di Massa gotta Bishop, Shan xi" in Report of the committee of the China famine relief fund, Shanghai, 1879.

以下文献记述了大灾期间各地户口损失的情况。光绪四年,山西翼城县"全县人民饿死过半"①,闻喜县"光绪三、四年比岁旱饥,户口减去大半"②,万荣县"村庄户口饿毙者十之六七"③。河南宜阳县"合邑户口流亡十之六七"④。以上文献关于户口减少的记述,四地用词表达方面有差异,分别用了"饿死""减去""饿毙""流亡",四词的意思差异大,各自强调了重点内容,这主要是由于文人在记述时用词风格差异所导致。这四个地方以及其他地域户口减少的原因是多方面的,有饥饿、疾病、人口迁移等因素。除了劳动力短缺,役畜减少也影响了农作物耕种。山西汾西县记述:"六畜无遗,村落为墟。"⑤河南宜阳县也出现了"六畜宰杀无遗种"⑥的情况。

劳动力短缺情况持续了较长时间,到了光绪四年秋冬,虽然降水增多,但许多田地因劳力缺少而无人耕种,以下文献作了明确的记载。山西清徐县"及冬连得瑞雪,而户口已去十三四五矣"⑦。河南荥阳县"秋禾稔,而麦又未种"⑧。到了光绪五年,气候条件恢复,农作物能够正常生长,但是劳力短缺依然严重。山西夏县的情况是:"夏麦稔收,上下欢庆。惟十室九空,地无人耕作,地多荒芜。"⑨幸存的人们为夏麦丰收而欢庆,但是"十室九空"那种荒凉的状况出现了,农耕业受到严重影响,大片荒芜田地任由杂草生长。

灾后社会救灾压力增大。为了尽快安置灾民、恢复生产,朝廷在灾后从未受灾的地区调运了大量的役畜、籽种,同时一些地区开仓济民。光绪五年,在山西沁县,"无业贫民一万三千三百余口,尚嗷嗷待哺。遂于正月初六日开仓,

---

① 吉廷延等:民国《翼城县志》卷14"祥异",第454页。
② 杨深秀等:光绪《闻喜县志补》卷1"蠲赈",第285页b。
③ 马坚等:光绪《荣河县志》卷14"祥异续",第780页。
④ 刘占卿等:光绪《宜阳县志》卷2"祥异",光绪七年刊本。
⑤ 周凤翙等:光绪《汾西县志》卷7"祥异",第70页a。
⑥ 刘占卿等:光绪《宜阳县志》卷2"祥异",光绪七年刊本。
⑦ 秦宪等:光绪《徐沟县志》卷5"祥异",第323页a。
⑧ 卢以治等:民国《续荥阳县志》卷12"灾异",民国十三年铅印本。
⑨ 张承熊等:光绪《夏县志》卷5"灾祥志·荒灾",第74页b。

大口日给米二合,小口减半"①。大灾刚过,眼下最要紧的是让幸存者有饭吃,当时官方调运粮食,开仓济粮。文献显示,仅山西沁县一县待救济的贫民就有一万三千多人,而北方地区受灾的地方很多,灾民的数量很大,需要救灾的粮食等物资数额巨大,可以推知当时朝廷救灾任务之艰巨。

抢夺农时抓紧耕种是光绪五年初重要的事。可在当时的大灾区,原有的役畜不可能有留存,因为大量的人因为饥饿而死亡,役畜早已被宰杀了,朝廷只能从多地调运牛马援助灾区。在浮山县,"奉旨缓征并给民牛马籽种,浮邑奉拨共领到牛一百二十七头,马八十一匹,减价出售,即以所售价值作为籽种之费,散给贫民,令垦荒田,秋熟乃免田租之半"②。朝廷一方面调拨役畜,同时考虑民众之间的贫富差异,实施具体的赈灾措施,把役畜减价卖给有耕种实力的家庭,同时把出售所得的钱财散发给众多贫民,让他们购买籽种,秋后免一半田租,鼓励他们开荒。这些措施调动了各类民众垦荒的积极性。

光绪五年秋季,朝廷还在陆续往灾区运送役畜。在山西绛县,"奉旨蠲免三、四两年钱粮,三月拨给农马十匹,八月拨给耕牛二百头"③。从朝廷调送役畜的数量来看,往浮山县和绛县两县调配的牛马共四百头左右,当时的受灾区域很广,灾区要恢复正常的生产秩序,当时的朝廷调集数额巨大的役畜一定面临很多困难。其一是收购这些役畜较为困难,其二是把收购的役畜运送到灾区也存在多种困难。仅从救济粮食分发和调配役畜这两件事情来看,对于此次灾后救灾,当时的社会需要承受很大的压力。

(四)大灾给予的种种警示

谈老天人心皆恐,灾荒事口口相传。对"老天"的恐惧感增强,成为灾荒期间及灾后一段时期内民众的心理特征。在陕西汧阳县(今千阳县),"久旱不

---

① 吴承恩等:光绪《沁州复续志》卷4"灾异",第437页a。
② 张桂书等:民国《浮山县志》卷37"灾祥",第911页。
③ 胡延等:光绪《绛县志》卷6"大事表门",第456页a。

雨,人心惶惶"①。据西安碑林碑志载:"天色大变,人心不安。处处祷雨,人人呼天。"②在陕西勉县,"连年奇旱,虽七八十岁老翁有未经耳闻者,亦可知天道之有转移矣"③。灾荒刚刚结束的光绪五年,在河南许昌县,"时大祲后,人人皆恐,然是年麦竟大熟"④,郾城县"时大祲后,人人皆恐,尚有麦"⑤,临颍县"时大祲后,人人皆恐,然是年麦竟大熟"⑥。人们对"老天"的恐惧始于大灾初期,北方地区世世代代靠耕作为生的人们每年把希望寄托于"老天",因为北方大部分地区是雨养农业区。当连续干旱持续多日,各地的人们以传统的仪式呼天祈雨成为一种习俗。当呼天而天久不应之时,人们就开始思考:为何老天对人间的态度转变了?人们的社会行为是否违背了一些规则因而要受到惩罚?人们做错了哪些事导致"老天"要对人们进行惩罚?连年干旱难道是一种具体的惩罚方式?一些官员也在忏悔:自己做了哪些事愧对了百姓?愧对了"老天"?以后该如何作为?随着干旱的持续,人们对"老天"的恐惧感继续增强。直到大灾结束,这种民众的整体恐惧感还在延续,成为一段时期内相对稳定的社会意识形态特征。人们心理特征的直接表现是语言、行为,语言主要表现为代代口传灾荒事,行为主要表现是立碑、修志。

在意识形态领域,"光绪大旱"占据了北方众多民众关注的一席之地。小的时候,我的爷爷常给我讲起光绪初年大旱的故事。故事的缘起是因我吃饭时挑肥拣瘦,有时还偷偷地把不顺口的饭菜往猪食盆里扔。爷爷发现后对我说:"偷扔饭菜会造孽的!"起初我不理解"造孽"是什么意思,紧接着他就给我讲起光绪初年老天惩罚人们的事。故事梗概是由于人们做错了事,老天为了惩罚人们,安排了一场特大干旱,饿死了好多人。故事的结尾强调:人若做了坏事,"老天"能看见,会惩罚人的。他反复地叮嘱我:扔饭菜是做坏事,"老

---

① 张元璧等:光绪《增续沔阳县志》卷13"官师",光绪十三年刻本。
② 《荒岁歌碑》,现存于"西安碑林博物馆"。
③ 彭龄等:光绪《勉县新志》卷4"杂记",光绪九年成稿,民国二十一年石印本。
④ 张庭馥等:民国《许昌县志》卷19"祥异",民国十二年石印本。
⑤ 陈金台等:民国《郾城县志》卷5"大事",民国二十三年刊本。
⑥ 管大同等:民国《重修临颍志》卷13"灾祥",民国五年铅印本。

天"是不允许的。于是,我慢慢地理解"造孽"这个词了,大概是人做坏事有报应,会受到"老天"的惩罚。

在民间一直流传着一些话语,"光绪三年人吃人,狗吃狗"。笔者身为土生土长的山西人,小时候经常听到长辈们提及光绪初年大旱时人们生活艰难以及很多人死亡的故事。此后每当耳闻目睹到灾难的事情,就会想起儿时记忆中长辈们给我讲的光绪初年大旱的故事。在当今社会,"光绪大旱"已成为人们灾难记忆中的一个典型事实,成为多地的人们警戒大灾、培养防灾抗灾意识的典范"教材"。在学术界乃至其他多个领域,成为人们关于灾难讨论的热点话题,于是"丁戊奇荒"或"晋豫奇荒"这样的称呼自然流传开来。①

立碑修志铭记大灾。此次特大干旱事件留给后人的警示太多了,这里首先展示芮城县《光绪丁丑戊寅凶荒碑记》中的一段话:"寄语后辈存善心,爱惜粒米度光阴。期兮人人懂其事,为此勒碑记原因。兹事眼见非耳闻,莫当空谈嘱后人,耕三余一备灾荒,勿负今日立石心。"②碑记的作文者情感浓浓,他希望后辈儿孙们都要保持一颗善良的心,善待他人,善待天地宇宙间该善待的事物。天下民众人人要节俭,个个要深悟备荒的意义。一块石碑文有限,希冀内容无边缘。碑中记述的事实属亲眼目睹,嘱咐后人聆听前人忠告,切勿空谈往日之事。众人行动,集体备荒,丰年多节余粮,以防灾荒再次降临。后人实实在在的备荒行为才是立碑者的内心所望。大灾之后不久,多个地域的人们自发立碑警示后人,勿忘凶灾。在灾情较重的山西中南部地区所留的碑刻较多,河东一带的碑刻尤其引人注目。③大灾后,北方多地立碑,铭刻此次灾荒的悲惨场景、死亡人数以及救灾事宜等。

此次事件直接触动了后人的很多社会行为。光绪年间所修的史志,大多以重笔或浓笔描述了灾情,收集了当时文人墨客关于此次灾荒的见闻和感叹。

---

① 1877年和1878年的阴历干支纪年分别属丁丑、戊寅,所以人们称此次大灾为"丁戊奇荒";又因山西和河南旱情最重,故又称"晋豫奇荒"。

② 《光绪丁丑戊寅凶荒碑记》,现存于芮城县恩贡生桥,光绪十二年十一月立。

③ 郭春梅:《清光绪村社灾情碑研究》,《文物世界》,2003年第5期。柴继光:《血泪斑斑事 勒石嘱后人——谈光绪三年灾情碑文札记》,《运城学院学报》,2004年第3期。

在光绪朝,以光绪《山西通志》为代表的一批上乘佳志仅在山西地区问世的就有96种①,在北方的其他省区,由此次大灾而督促官方再次修志的地方很多。笔者所翻阅的光绪年间北方多地所修的地方志,绝大多数详细记述了光绪初年的大旱,大部分方志在"灾异""祥异""大事记""艺文"等章节中记载了此次大旱的相关事实。光绪年间清王朝大范围修志的原因这里不作进一步探讨,但至少把光绪初年的大灾记入史志这一事实,是此次大旱所直接导致的。

此次特大干旱事件,直接触动当时的人们立碑、修志、撰文,把警示传递给更多的人。在民间,口口相传着灾荒期间的一些惨不忍睹的场景以及相关的故事,这些相传的事实时时警示着后人。学界的专家学者们把此次事件作为典型材料,针对社会的防灾减灾大做文章。总之,从意识形态领域到社会行为的多个领域,此次大灾都留下了众多警示。

---

① 任小燕:《山西古今方志纂修与研究述略》,《晋阳学刊》,2001年第5期,第84页。

第四章 未来特大干旱场景的预测

利用过去的环境以及现在的环境可以预测未来的环境。历史时期的干旱场景,可以通过一定的方式了解。深入现代特大干旱区域,可以找到现代社会的干旱场景。过去、现在干旱环境中的很多现象很可能同未来干旱环境中的一些现象差异很小,或者过去、现在干旱环境中很多细节的组合可能接近未来干旱环境中的一些现象。因此,要多注意历史干旱环境中的细节,也要注意现代干旱环境中的细节,这样可以相对准确地预测未来的特大干旱场景。

未来可能会出现过去已经出现过的干旱场景,也可能会出现过去未出现过的干旱场景,以下分析其原因。影响气候变化的主要因素是太阳辐射、大气环流、下垫面等。未来同过去、现在相比,太阳辐射、大气环流变化幅度较小,垫面变化很大,尤其是人类的生产、生活活动对地表的改变幅度特别大,这些因素的变化会影响未来的气候。未来特大干旱的发生是气候剧变的表现形式,当未来发生特大干旱的时候,出现的场景同过去、现在特大干旱的场景有时会有明显的差异,因此,在预测未来特大干旱场景的时候,要充分考虑这一方面。

一、预测未来特大干旱场景的思维方式

(一)"穿越时空"的启发及思维方式的借鉴

穿越时空隧道的自我理解。关于"穿越时空"这个概念,最早得知于穿越剧,后来对"穿越时空"有了自己的认识和理解。我认为穿越时空的条件有以下几点:其一,自己渴求穿越,一心一意,有一种痴心,尽可能忘掉其他事物,把穿越成功作为一种最高的理想境界。其二,找到更多的与穿越时代相关的资

料,以便了解更多的事实。其三,还需场景条件和天象条件,需要熟悉穿越地区的宏观场景和微观场景,还需要具备天象条件。

对于"穿越时空"这一内容,笔者其实没有能力作过多的评论,只不过谈谈自己的粗浅认识而已。但是,对于我研究未来的特大干旱,它给了我思维上的启发。借鉴这种思维方法,可以进一步深入思考。我研究特大干旱,可以倾心、专注,或者一心一意,可以达到一种忘我的境界。我寻找了很多的关于特大干旱的资料,这已是我多年的工作,投入已经很多了。至于"场景条件和天象条件",让我直接想到了特大干旱发生的地理条件和气象条件。

研究特大干旱的过程是思维穿越时空的过程。利用现代科学思维,通过对文献、考古资料等的深入分析,重建过去特大干旱的场景,实际是思维穿越进入过去的时空。利用现代空间的地理条件,体验现代大旱场景,以此为基础,展望未来的特大干旱场景,实际是思维穿越进入未来时空。以上两种研究过程,是研究者的思维穿越时空的过程。

"穿越时空"可以理解为已经发生的现象在又一个时代再次发生。未来当气象条件与历史时期发生特大干旱的气象条件相似,地理环境与历史时期发生特大干旱的地理条件相似时,若特大干旱再度发生,这可以理解为特大干旱穿越时空。特大干旱导致生态环境和社会环境发生较大的变化。生态环境发生变化可引发饥荒、瘟疫、动物灾害等;社会环境发生变化可引发人口流动、经济秩序紊乱、社会动荡等。以上发生的种种现象在历史时期曾经发生过,这些现象的再次发生可以认为是历史时期的事实穿越到未来的时空。

"穿越时空"可以理解为对不同时代的同一类事物进行对比。例如:不同时代的环境对比,不同时代人的对比,等等。崇祯末年和光绪初年,北方地区都发生了特大干旱,但灾荒情况差异较大。崇祯年间,人口流动规模大,使瘟疫迅速蔓延扩张。人口大规模地流动,如民众暴动使各级官府多余的粮食快速被迫拿出,用于拯救更多的饥民。由于人口大规模的流动,在灾难面前,人们之间的友爱互助,增强了整体的抗灾能力。光绪初年,人口流动规模相对较小,人们走不出重灾区,导致很多人因干渴、饥饿死亡,多数官府的多余的粮食未能拿出,未起到救灾的效果。对比这两个时期的特大干旱情况,可以认为是"穿越时空"思维方式的具体应用。

(二)"现实环境观"与"超前环境观"

预测未来特大干旱,不仅要建立现实的环境观,还要培育超前的环境观。两种环境观既要有各自独立的思维体系,也要有机地融为一体。

现实环境观的建立。要建立现实的环境观,需要了解当今社会面临的主要环境问题。思考这些问题,既要有全球视角,还要有全国视角和区域视角。面对环境问题,需要有积极的思想和态度。对当前的环境问题要热心关注和科学思考,在理解国家环境政策的基础上,充分利用环境学、地理学等专业基础知识,提出自己的主张,并尽力给政府、企业、社会团体等献计献策。与此同时,在日常生活中,不仅要约束个人的环境行为,而且要主动地影响周围环境中的人爱护环境,等等。

超前环境观的培育。要培育超前的环境观,首先需要有深厚的专业素养,还需要有强烈的责任心以及为社会奉献的使命担当。要有对当前环境演变的方向和速度进行预估的能力,才能较为客观地对未来的环境状况进行预测。对未来可能出现的环境问题,不仅要有自己独特的看法,而且要有提出系列治理措施的能力,等等。培育超前的环境观,是预测未来特大干旱的思维基础。

以上谈到的"现实环境观"与"超前环境观"的建立与培育,是研究特大干旱的学者所应具备的基本思维方式,并非是针对普通民众所普及的。

二、未来特大干旱可能出现的场景

通过对历史特大干旱场景的再现,笔者对中国北方地区特大干旱的研究开始了一种新的尝试。以此为基础,对北方地区目前的地表环境做了系列的田野调查,同时从多角度理解"穿越时空"的思维方式,利用多年的自我专业修养,夯实"现实环境观",培育"超前环境观"。在以上调查、研究的前提条件下,预测未来北方地区特大干旱的场景。

(一)干枯凄惨的乡村生态环境

久旱的乡下早已失去了往日的景色,宽阔的田野里展示的是矮小的、枯干的野草。从早春到仲夏一直无雨,庄稼一直未能下种。生命力较强的野草凭借自身的韧性一簇一簇地从泥土中钻出,起初的一段时间仗着自己发达的根系还能从地下深处吸收到水分和其他营养物质。一日一日过去,一月一月过去,老天仍然滴雨未下。田中泥土出现干裂,干土层愈来愈厚,野草渐渐变黄并且枯干了。

田野周围的林中,往日有穿梭的动物、鸣叫的鸟儿,在稠密枝叶的遮蔽下,即使是在盛夏也能消减暑气,让人顿感凉爽。现在时令已进入7月,早已变黄的树叶落到地上,阳光穿过树梢直接照在地面。如果不是空气干热逼人,一些人一定误认为进入深冬的林中。缺少动物的树林一片寂静,踩着松软的树叶,顶着头上的烈日,感觉进入了一个奇异的世界。

这一带的村庄较多,有一个叫"水泊洼"的村庄地势最低,村名的来历是因为旁边有一个长、宽都是1千米左右的天然湖泊。在气候正常的年份,湖中鱼虾较多,湛蓝的湖水及周围湿地上茂盛的绿草除了带来优雅的环境,还是村民们捕鱼和牧牛的场地,使该村成为十里八乡最富的一个村。这几年情况变了,前年、去年的干旱使水量减少了很多,今年春夏以来,太阳的蒸腾作用及周围多村的人畜饮水使湖泊面积骤减。进入7月以来,水域面积继续缩减,湖水的气味也变了,因为很多野生动物及牲畜的粪便落入其中,但它近期成为周围多个村落人畜生存的唯一水源。白天,成群的村民争抢挑水,多种不知名的鸟类前来饮水。晚上夜深人静之后,成群巡逻的野狗在湖边捕捉一些前来饮水的夜行动物,动物惨叫的声音不时地划破夜空。幽静的湖边成为多种动物饮水及打斗捕食的场地,成为众多生灵为争夺生存权利而激战的地方。

日子一天天过去,干旱还在延续。周围村庄的居民大多迁往他乡,各个村子所剩的人较少了,留下的主要是一些孤寡的老弱病者,他们没有迁往他乡的办法,只好每天走较远的路去湖中取水。灾情谈到这里,需要给读者解释心中的疑虑。我们的国家日益强大,政府和社会组织的救灾能力不断提升,救灾经验不断地积累,会出现以上场景吗?关于本次灾情还需从头说起,在前年的旱灾中,人畜饮水未受到影响,政府组织实施深井灌溉确保了农业生产的稳定。在去年的旱灾中,政府和社会组织在抗旱中首先保证人畜饮水,一部分农田未能灌溉导致产量很低,有的田地甚至没有收成。

今年入春以来,仍然滴雨未下,小型湖泊枯干,大中型水库水量骤减,地下水位下降使部分深井失去了供水功能。5月以来,周围区域的深井全部枯竭,村村相连的自来水系统全部瘫痪。周围所有村庄的人们只能去"水泊洼"村旁边的湖泊取水,周围的野生动物视这个湖泊为救命水源。

时间继续推移,干旱仍在延续,湖泊面积还在缩减。人和野生动物在白昼、黑夜不断地在湖泊周围争抢饮水,不同种类的动物在此地争斗捕食,寻找生存的机会,干旱何时才能结束?

(二)脏乱恐怖的城市环境

以下谈到的城市是一个人口超过10万的小型城市,该城毗邻以上所谈的"水泊洼"及周围的村庄。该城和周围村庄的关系包括多方面,这里只谈一种直接关系:给该城市供水的水源是村庄周围的深井,大湖泊作为预备水源。今年7月以来,这一带深井枯竭,湖泊变小接近枯竭且湖水污染严重,城市供水被迫中断。习惯了拧动水龙头便能用水的城里人面对"供水中断"显得惊慌失措,抢购矿泉水和饮料成为当时唯一的储水方式。供水中断使污水排泄系统出现异常,人畜粪便伴随少量污水在下水道中缓缓流动,散发出的臭气见缝插针从多个孔道溢出,给干热的空气增加了浓浓的味道。人们在观望、思索,在一座无水的城市如何生存?凭着现代社会快捷的信息和交通,众多的人利用多种交通工具离开了这座城市。复杂的社会因素使得部分群体不能离开或者没有能力离开,于是仍有一些人待在城里。

正常运行的现代繁华城市在短期内减少了众多人口将会变成什么样?这里且不谈产业发展与经济运行,单是街道两旁无人运走的垃圾呈现一堆一堆的模样,这种新的"景观"足以吸引人们的眼球。留在城里的人还需生活,于是垃圾堆体一天天升高。经历白昼烈日暴晒,垃圾堆体内温度升高,内部的一些湿垃圾变质并与其他物质发生复杂的化学反应,散发的气味吸引成群的苍蝇、蚊虫前来觅食。夜间,成群的老鼠肆无忌惮地在垃圾堆附近嬉戏游玩,正当它们得意忘形之时,也是生命即将终结的时候。流浪野猫藏于暗处偷袭警惕性低的老鼠,一物喜得美食,一物生命了结。饥饿的野狗群也知晓哪里有美味佳肴,它们直接蹲在垃圾堆上很容易抓到一只一只的老鼠。其实"灾荒"只是人类的一种看法,很容易得到美食的野猫一定不认为是灾难到来。当吃不完的老鼠不断出现在眼前的时候,野狗的内心又是如何呢?借用博大精深的汉语来表达一定是"美食充足,自由自在"。

现在回到人的视线里。留在城里的部分人,他们需要生活,也需要出行。在他们的眼里,"脏乱"已渐渐习惯了,"恐怖"却往往出乎预料。天刚擦黑,主人去储藏室里取一些生活用品,同往常一样熟练地打开纸箱。猛然间,一只硕大的老鼠踩了一下手臂,一溜烟逃跑了,当时的主人应该多少有些惊恐的感觉吧!走出储藏室,走到院子里,打开手电筒,角落里有一只大野猫,它没有逃离的神态,只是抬头同主人怒目对视。看到两只猫眼发出凶狠的天然光,当时他的感受又是如何?这些可恶的鼠猫惊扰了他,即使心里一时不能平静,总算有惊无险吧!

多日待在家里,今晚还是想出去。主人怀着侥幸的心理想看看街上究竟能发生什么事?他手里握着一把晨练时用的中华武术刀,斗胆地开了门,小心翼翼地在街上前行。刚转过一个弯,便闻到了难闻的气味。平日这里有一个垃圾堆放场,现在这里堆放的垃圾又多又高。今晚月光微弱,但街道视线清晰。走着走着,一群小动物"哄"一下溜走了,原来是垃圾堆旁进食的老鼠受惊了。很快躲在暗处的两只大猫不慌不忙地走开了,刚才伺机捕捉老鼠,被行人的出现给搅局了。"也不怎么恐惧,还是人的力量大。"在自信心的驱动下主人继续向前走。"啊!"主人当时不相信自己的眼睛了,在道路的一侧,有三只体型高大的狗,中间最大的一只卧着,两侧各站着一只。看来这是一个狗的群体,中间的为首领。三只狗不屑一顾地看着他,从它们的神情来看,显然对他没有敌意。主人自然地停下了脚步,故作镇静:"不能慌张,遇狗不能逃跑,否则狗会反追。可以慢慢地离开。"凭着多年的生活经验,主人冷静地看着远处,假装无视狗的存在。再次自我安慰道:"我手里有一把大刀",然后慢慢地环顾周围,装出镇定自若的样子,以掩饰内心的恐惧。然后慢慢地从原路返回,再也不敢回头看那三只狗。

终于到家了,心里一直难以平静。惊恐之后谈惊恐,惊恐方成佳话谈。惊恐之时眼睛看,手握大刀腿在颤。主人想来想去,推演几种假设。如果今天出门不带大刀,场景又会如何?三只狗是否会主动发起进攻?当它们看到一个走动的"食物"到达眼前,是否会抓住这次捕食的机会?狗同人打交道多年,对人还是了解得较多。当它们看到一位手握大刀的人出现,轻易不敢行动,内心要掂量一下捕食能否成功。主人这次的历险经历几乎到达了"人狗冲突"的边缘,由这次经历可以进一步想象古文献中记载的"人狗相食",其真实的场景是相当惨烈的。

(三)弱肉强食的惨烈生存竞争

狼群在迁徙中寻找生存机会。去年连同前年,草原地区已连续干旱两年,虽然黄羊的数量减少了很多,可老鼠还足够我们食用。当数九寒天之时,已经吃不到老鼠了,我们偶尔偷吃几只围栏里的羊,不至于引发同牧民们的激烈冲突。今年春夏以来,仍然滴雨未下。狼王率领群狼准备远行,因为草原上实在无法生存。按照祖先们传下来的经验,向着东南方向远行可以找到食物。

昼伏夜行是狼群行动的准则,因为在大多数情况下,狼群不敢公开同人发生冲突。一边走,一边找食,确实有收获。白天可捕到野兔,晚上可捉到老鼠。偶尔还能逮到狐狸以及落单的流浪狗。不能在一地待得太久,以防被人类发觉,防止人类对狼群发起进攻。狼群尽可能捕食野外的猎物,不到万不得已不同人类发生冲突。待几天换一个地方,行进途中狼群个体拉开一定距离,但要保持相互照应。总体前行方向还是东南,这种一边行走一边捕食的生活一直延续到深秋。

秋风一场比一场寒,转眼间冬天来了。老鼠钻洞了,野兔愈来愈少,捕食艰难的日子开始了。一日黎明,狼王刚出洞,发现地面一片洁白,厚厚的积雪堆在地上。以后的日子如何度过?狼王同众狼商议,要么在洞中饿死?要么铤而走险抢夺人类的家畜、家禽?商议的结果当然是选择后者。前几次成功得到食物,后来人类设了陷阱,以至于几个同伴丢掉了性命。既然已经同人类开战,便没有了回头的机会。狼群集体出动还捕食了人类中的几个幼童,他们饲养的宠物狗战斗力最弱,成为狼群捕食的主要对象。斗智斗勇斗毅力,整个冬季至次年早春,狼群集体出动,分工协作,艰难地度过了这一时期。

春风再次吹拂,天气一天天变暖。狼王同众狼商议今后的行动,商议的结果是:今后野外捕食再难,也要尽可能在野外生存。历史经验教训告知,人类是最难对付的,同人类争斗付出的代价最大,远离人类去人迹罕至的区域生活,方能过上相对安全的日子,这是狼群总结的最新的生存经验。

饥饿危机条件下野猪的生存方式。南山蜿蜒几百里,森林茂密,在气候正常的年份,这里是众多动物的生存乐园。不过这里大型犬科动物狼等并不多见,据长辈们说,在20世纪六七十年代还有一些狼在这里生存,之后人们便再没有发现狼的踪迹。至于豹、虎这些更凶猛的动物几十年前就没有了。多年的生态失衡使失去天敌的野猪繁殖加快。在前年、去年的干旱年份,野猪频繁来村里偷食。今年入春以来,野猪的侵袭更凶猛了,争斗的经验更丰富了。它们以群体的方式在入夜以后出动,多闯入围墙较矮的院子,啃破门窗偷吃可食的东西。村民们想方设法对付,但还是不断地遭受侵袭。一些村民挖了一些陷阱,但才偶尔能够捕获几只野猪。野猪群学会了同人周旋,经常变换找食的地点。

随着干旱的延续,村里人们的储粮越来越少,野猪入村偷袭的次数也减少了。为了生存,它们在野外寻找一些死去动物的尸体,吃腐肉也是它们传统的进食办法。平常在山林里,老鼠也是它们捕食的目标。在夜深人静之后,它们潜入城郊或者市内寻找垃圾堆,啃食一些湿垃圾,还伺机捕捉老鼠。特大干旱迫使野猪改变了食物结构,也改变了生存方式。在惨烈的生存竞争中,野猪既丰富了它们的捕食经验,同时也提高了生存能力。

环境变化迫使老鼠改变生存方式。人同老鼠是邻居,是住得很近的邻居。这个邻居世代同人打交道,在乡下、城镇,有人居住的地方就有它们。不管人们多厌恶它们,都得忍受。即使采用多种办法也赶不走它们,也灭不了它们,人与鼠共生是从古到今的事。在乡下的田野、草地、森林中,有四通八达的鼠洞,鼠洞可通到农家小院。在村民的房屋下面多有它们的"住所",在靠近地窖、厕所的地方,往往也有它们相对固定的居住地。在城镇多级下水道的周围,有许多老鼠的"住所",垃圾堆、杂物堆放处等地也是它们喜居的地方。在气候正常的年份,人们的生活相对有序,城镇中的老鼠多以垃圾、下水道中的残留食物为食,可正常地生存和繁衍后代。乡下老鼠的住所多,食物种类丰富,活动场所很复杂,受人类活动影响较小。

前年、去年的大旱对乡下和城镇居民的生活秩序影响较小,各地的老鼠同往常一样平静地生活。今年春夏以来,随着干旱的延续,野外的食物更少了。

老鼠群体也是一代代传承生存经验,储存食物是传统习惯。进入夏季以来,洞中储存的草和植物种子已消耗殆尽,野外很难找到死去动物的腐肉。乡下的鼠群整体向村舍移动。它们知晓人类生存的地方一定有食物,不然人类如何生存?仓库和地窖是主要目标,那里有上等食物,一旦能得手,可夺取数量众多的食物。

牛棚、羊圈、猪舍也有种类不同的食物。活着的羊可直接作为食物享用,羔羊更是优等食物。猫世代是老鼠的天敌,但若它的个头小,老鼠个头大、数量多时,猫也可以作为捕食目标。若能碰上人的幼小婴儿,周围没有人照应,也可作为食物。他没有进攻能力,且肉质嫩而鲜美。一些个头较小的家禽在夜间可偷袭,因为在夜间它们视力很差,很容易得手。有些情况下,实在很难找到可口的食物,一些衣物和较软的木纤维也可充饥解燃眉之急。鼠类天生个头小,即使数量众多也不敢面对面同一个人冲突。人的攻击力太强了,他们的智慧在多个方面也超越鼠类。人群是鼠类最强悍的大敌,经验告知:对付人群只能出其不意地秘密行动,而且要想好撤离的办法,不能同人进行较长时间的冲突,否则吃亏的是鼠类。

鼠群中有一类祖祖辈辈生活在城镇。它们住在复杂的、结实的地宫里,水和食物按时按点地从稳定的地方流来,它们过着安定、规律、有秩序的生活。可是天有不测风云,在今年一个温暖的季节,水和食物供给越来越少,甚至中断了,不远的同伴也传来同样的信息。于是鼠群中的一些个体出去观察,发现人群的主体已经迁移他乡了,只留下较少的一部分。外面虽然干热,但人群迁移意味着较多的危险排除,于是鼠类整体迁出地宫。哪里有可食的东西?最后的目标锁定在多处大大小小的垃圾堆。鼠类利用小而灵活的身躯,在垃圾堆内外之间自由出入。白日可藏匿于堆体中,晚上出来吹吹凉风。这里食物种类较多,在目前的处境下也算是找到了相对满意的地方。

但有些事情的发生还是出乎鼠类的预料,没有起初想象得那么美好,惨剧一幕一幕地上演。噩耗传来了,几个同伴被世代仇敌猫抓走了,以后必须小心谨慎。更有想不到的事情发生了。祖辈经验告知:狗对鼠类危险不大,它们无闲心管鼠类。可现在世道变了,狗也学会了猫的战术,藏在暗处专门等待鼠类出现,三口二口便活吞鼠类一个伙伴。鼠类的处境有些艰难了,但生活还得继续,后代还需繁衍。艰难的处境也许还能使鼠类整体的智慧继续提高,让后代更为优秀。

　　乡下的鼠群和城镇的鼠群有时在一些地方会合了,它们相互传递寻食的办法、争斗的经验等等。大旱还在延续,鼠群在剧变的环境中寻找生存的办法,它们在灾荒中展示的种种行为,显示了强有力的生存能力。

　　零散的宠物狗组合成"野狗群"。在前年和去年的旱灾中,一部分家庭遗弃了喂养的狗,乡下和城里的野狗多了起来。今年春夏以来,流浪的野狗更多了。在狗的认知中,它们同人是一家,同吃同住,同享乐共患难。这种思维是在长期的生活过程中形成的,这是它们在长期依赖于人类的过程中总结出来的。当人的生活方式改变的时候,狗的生活方式也随之改变。连续三年的旱灾导致城里、乡下的众多民众迁居他乡,在这次特殊的迁居中,爱狗多数情况下被遗弃了。

　　宠物狗过去在主人的呵护下生活得很幸福,如今被主人抛弃大概是出于无可奈何。近期宠物狗也感知到生存灾难即将到来,因为主人的生活变样了。流浪街头的滋味开始慢慢地体会,自我生存应从头做起。体型中等的宠物狗,在生存竞争中比上不足比下有余。一只小型的狗有时会被大狗吃掉,弱狗会找几个同伴互相照应,狗多力量强,有能力吃到鲜活的食物,围猎狐狸、猫、小型落单狗,同时有了充分的休息时间以养精蓄锐。

　　日子一天天过去,感觉野外的食物越来越少了,同时新的挑战不断出现,在行进中最麻烦的事是遇到狗群和人群。若碰到四五只狗组成的群体,弱狗多会绕道避开。人群是最可怕的,弱狗会尽可能减少与他们碰头的机会,如果看到人群,便巧妙地避开。有一次,在高处瞭望,发现一群人成功地围猎了两只狗,人群也一定是饥饿的,他们也在捕食。狗有时也吃死去的人的尸体,那是在野外偶然碰到的,但一直未敢捕杀活人。

　　有些日子在野外找不到食物,狗类到达了城郊的垃圾堆旁巧妙地隐蔽。如果在夜晚静静地等待,可以捕捉到老鼠,这种食物在以往是较为厌恶的。不过在目前的特殊时期,捕捉到老鼠也是十分欣慰的。既然我们能找到老鼠较多的地方,其他狗群也有这个能力。此后,我们在类似的捕食地经历了与其他狗群的几次打斗。不过,这几场打斗都是以我们胜利告终,因为我们在打斗前总要考虑是否有必胜的把握,总是三思而行。

在城郊和市区捕食时走的路较少,可节省体力。一日一日过去,狗类习惯了这种群体捕食生活,有些时候甚至有了悠闲自在的感觉。但有时也会眼巴巴地看着多日友好的同伴被捕走了,应该是凶多吉少,十有八九成为人群的食物了。狗类会带着恐惧远离城市,走到人迹罕至的荒郊野外。天气一天天在变冷,食物找起来较为困难,饥饿的日子较多。寒冬即将到来,今后的食物如何找?等待狗类的将是更为艰难的生存日子。

以上以简单分类的形式对未来北方地区特大干旱的场景进行了描述。在描述过程中,关于动物异常行为的表现,多处是以人的思维视角为出发点的方法进行。这种独特的描写方式,是为了增强情节感,增加生动性,以感染读者。同时让读者阅读后在脑海中产生栩栩如生的现实场景,这是笔者反复思考后采用的最有利于读者理解这部分内容的描写方式。当然,在理解时一定要考虑人与动物的思维有很大的差异,这一点要提醒读者。

对于以上每一类的场景,笔者构思了较为完整的情节。其实,在未来北方地区发生特大干旱时,在某一地域出现的场景一定没有上述所描述的场景那么完整。但在一定地域,可能会出现以上情节中的一部分或者几部分。或者出现的情况是:把以上描述的情节打乱,再重新组合成另外多种多样的场景。总之,以上预测的场景,或者场景的一部分,或者以这些场景为单元重新组合的场景,至少在未来北方地区特大干旱发生期间,在一定的时空出现的可能性很大。

第五章 应对未来特大干旱的重要性、艰巨性分析

中国民众目前生活在一个富强向上的国家,安然地享受着今天的和平繁荣。那么是待到未来灾难发生的时候再去就事论事?还是现在居安思危以我们的智慧去预测未来的灾难,然后以实际行动提前采取应对措施?究竟如何选择,现在到了该抉择的时候了。现代社会抗灾主要依靠政府主导的社会力量,毫无疑问,国家的救灾能力是很强的,国际救灾能力也很强。一旦发生大的灾害,国家能够随时启动已经设计好的多级救灾预案。如果灾情严重,国际救援活动也会迅速展开。但如果未来类似崇祯末年、光绪初年那样的特大干旱降临,波及河北、山西、陕西、山东、河南等广大区域,社会救灾面临的困难一定很大,一些地域可能会出现社会紊乱现象。受"时空相对性"的启示,以下从未来北方地区特大干旱发生的必然性入手,对现代社会多方面的脆弱性、现代社会救灾的局限性等方面展开分析,探讨应对未来特大干旱的事宜。

一、北方地区未来特大干旱发生的必然性

在历史时期,北方地区特大气候灾害出现频繁,特大干旱发生的次数较多。据宋正海等人对1470年至1911年间北方地区的干旱极值年份的研究[1],他们找出了在此期间出现的十个干旱严重的年份以及这些年份的干旱出现的频率。1640年的干旱是1802年一遇;1877年的干旱是799年一遇;1641年的干旱是484年一遇;1484年的干旱是150年一遇;1900年的干旱是102年一

---

[1] 宋正海等:《中国古代自然灾异的动态分析》,合肥:安徽教育出版社,2002年,第135—136页。

遇;1639年的干旱是91年一遇;1528年的干旱是83年一遇;1586年的干旱是41年一遇;1785年的干旱是39年一遇;1876年的干旱是33年一遇。以上十个干旱严重的年份,其中在崇祯末年连续出现3个:1639、1640和1641年,光绪初年连续出现2个:1876和1877年。因此多数人认为,崇祯末年和光绪初年这两个时期北方中东部地区经历了严重的特大干旱期。

20世纪以来,北方地区发生的特大干旱主要有:1920年多地大旱,1928—1929年陕西大旱,1959—1961年连续3年的大范围旱情等等。[①] 谭徐明通过对北方中东部地区近500年来的旱灾频次和频率分析后认为[②],20世纪50年代以后,进入旱灾高频期,迄今为止,20世纪以来尚未出现过类似1637—1642年(崇祯末年)的极旱。但是,近期类似于1874-1879年(光绪初年)和1959-1960年型,即频率为100年一遇的重旱出现的可能性较大。

未来特大干旱是否发生,主要由太阳辐射、大气环流、下垫面等因素决定。

据现代科学研究,从历史时期到现在乃至未来较长的时期,地球所接收的太阳辐射量是相对稳定的。[③]大气环流的运行规律主要由纬度位置、海陆分布等决定,自从有人类以来,地球表面各地的纬度位置、海陆位置相对变化较小,大气环流的运行情况变化较小,未来较长一段时期内,大气环流的运行情况相对稳定。下垫面是指地表状况,包括海洋表面、陆地表面,陆地表面包括森林、草地、荒漠、水域、建筑物群等。从历史时期到现在,下垫面整体变化幅度较小,未来较长的时期内也不会发生大幅度的变化。由此可以推知,在未来较长的时期内,中国北方地区的太阳辐射、大气环流、下垫面等影响气候的因素相对稳定,这些因素同历史时期很相近。所以,未来北方地区发生特大干旱的气候条件仍然具备。

从宋正海、谭徐明等人对北方地区特大干旱发生周期的研究得知:特大干

---

① 中央气象局气象科学研究院:《中国近五百年旱涝分布图集》,北京:地图出版社,1981年,第231、235、250、251页。

② 谭徐明:《防灾减灾工程学报》第2卷,2003年,第77—83页。

③ 翁志远:《太阳内部温度能够保持恒定的真正内因》,《科技视界》,2018年第13期。

旱发生具有一定的周期性,是不可抗拒的自然规律。当未来北方地区的气候条件同历史时期发生特大干旱的气候条件相似之时,北方地区可能会出现与历史时期类似的特大干旱。我们很难确定特大干旱何时发生,但是未来北方地区特大干旱的发生时间离现在不会太远。退一步说,即使近期特大干旱不发生,随着时间的推移,其发生是不可避免的。

二、现代社会脆弱性的表现

现代社会的脆弱性主要包括现代生产、生活设施的脆弱性以及现代人的脆弱性。文中提到的脆弱性主要是针对现代社会抵抗特大干旱等自然灾害而言的。

(一)现代社会生产、生活设施的脆弱性

随着人们生活水平的不断提高,人们对现代化的生产、生活设施的依赖程度越来越强。于是多数人过高地估计了这些现代设施给予人们的保障,而忽视了其不足。其实,高度现代化的设施是经不起灾难冲击的。比如,现代社会的不同设施之间相关性很强,只要一种设施出现问题,其他很多设施就都不能正常发挥作用了,这样的事例不胜枚举。比如:供水设施和供暖设施相关性强,一些区域停止供水,供暖设施也就不能正常运行了;当一个区域停止供水时,该区域的部分工厂的机器运行也会受到影响。不少事例显示,多种设施之间的相关性较强,增加了现代社会生产、生活设施的脆弱性。

人们日常生活中使用的多种设施与水的关系十分密切,比如,在一个小区或者一个村庄,由于长时间停水引起的民众的恐慌是有目共睹的。现在城乡用水多依赖水库水、清洁的河流水以及地下水。新中国成立以来,全国各地建起了很多大大小小的水库。[①] 当旱灾发生时,人畜饮水主要依靠已存的水。水库所起的作用很大,它们是供水系统中主要的一种水源。但如果特大干旱降临,水源地区水量不足或者严重不足,那么不管供水系统多么完善,整个系统也会瘫痪。在未来发生特大干旱时,河流、水库会枯竭或者接近枯竭状态,地

---

① 参见姚汉源:《中国水利史纲要》,北京:水利电力出版社,1987年12月。

下水位大幅度下降,历史事实已证明了这一点。因此,在未来特大干旱期间,供水系统运行可能会出现不稳定状况,甚至会出现大的问题。可见,供水系统容易出现不稳定状况是现代生产、生活设施脆弱性的一种体现。

现代社会的不少生产、生活设施同水的相关性较强,以下就水同人的关系进行阐释。在一定的环境中人体对水的急需性远超过食物。如果一个人在两到三日内不饮水,身体就承受不了,而两到三日内不进食,一般不会危及到生命。① 因此,人在干旱的环境中往往是先找水,然后再找食物。以下列举的历史事例证实,在特大干旱期间很多人是死于干渴,而并非都是由饥饿导致的死亡。光绪四年,陕西华县运粮车队的很多人畜死在途中。"四年三月,复派大小车七千余辆,赴汝州运南米,人畜多死半途,计值不敷所费。"②从文献中得知,运粮的人畜很多死于运输的途中,但文献中未告知人畜是死于去的途中,还是归的途中。经分析得出的结论是,无论在往和返的任一途中,人和畜的死亡主要是由于缺水而干渴致死,因为不存在食物短缺的问题。在去的途中,最起码是在带足前往途中粮草的情况下才会启程,这是车队启程的最起码的准备事宜。在归途中,车上运的是粮食,不存在食物短缺的问题。这是一次由于缺水导致人畜死亡的典型事例,这一事件说明水在干旱环境中的特殊作用,水的急需性在一定的环境中远远超过食物。在现代社会,与水相关的生产、生活设施随处可见。在未来特大干旱持续期间,由于严重缺水,这些设施的脆弱性会显现得非常明显。

本书讲述的内容大多同特大干旱相关,而特大干旱的发生是降水量极少造成的。以上谈到的生产、生活设施的脆弱性,主要是针对一些与水相关的设施而展开论述的。其实,电、网络、现代交通设施等现代化产物的运用,也增加了现代生产、生活设施的脆弱性,由于笔者专业水平有限,以及该部分内容篇幅的限制,这几个方面就不再详细展开论述。

---

① 参见蒋泽先:《饮食与健康》,北京:世界图书出版公司,2008年。
② 民国《华县县志稿》卷9天灾,张德二《中国三千年气象记录总集》,南京:凤凰出版社,2004年,第3387页。

(二) 现代人的脆弱性

现代人的脆弱性包括多方面的内容,在本书中主要指的是现代人自身抵抗特大干旱等自然灾害的能力较弱。人是社会的主体,人的脆弱性是社会脆弱性的主要表现形式。

现代人在应对灾害方面的心理承受能力较低。由于长期严重依赖发达的现代社会,人们过着安乐、舒适的生活,大多数人没有经历由于环境变化所造成的灾难。不少人心中认为:生活本来就这么美好,这样的生活会一直持续。这样的思想持续多日甚至多年之后,出现了一些不利于适应环境变化的心理因素,整个社会的人们应对灾害的心理承受能力变得更低了。

现代人的生活水平以及社会医疗卫生水平的提高,使现代人的整体健康水平提高了,但是在体能的一些方面整体却降低了。比如,现代人整体对医药的依赖程度是空前的;现代大多数人越来越失去了人类祖先在长期适应自然环境时获得的多种能力,比如,同猛兽格斗、争食的能力,爬山、越野的能力,缘木、攀登的能力,等等。多数人野外生存能力很低,以脑力劳动为主的人在灾害面前更是束手无策。现代人侧重于文化、科技、艺术等方面的创新,却忽视了如何适应野外的自然环境,更忽视了在非常规环境下的生存训练,多数人失去了应对环境变化的能力。

其实,经常在窗明几净的房屋中生活的人们是经不起风吹雨打的,现代医疗条件呵护下的人们对疾病的抵抗能力很差。未来社会不一定都是像躺在软椅子里摁摁电钮那么轻松,很多方面仍然充满未知,人们将会不断接受来自多方面的挑战。一个古老的哲学命题:"崛起于忧患,衰落于安乐",其道理是深刻的。享受生活是现代人生活的一个主题,但人们在享受生活的同时却丧失了许许多多的能力。一些人往往是奢侈的欲望增加,忧患、危机意识越来越淡薄。一旦大灾发生,生活环境发生重大变迁,幸福的人们将会束手无策。如果遇到其他动物的侵袭该如何应对?如果找不到水,找不到食物将采取何种措施?诸如此类的现实问题会出现在面前,向人们发起挑战。客观地讲,现代人抗灾意识淡薄,应对灾害的心理承受能力差,体能较弱,沉溺于享受等,这多方面的特征体现了现代人的脆弱性。

现代社会的生产、生活设施是一个由多方面组合的整体,一旦某一环节的运行出现障碍,整体运行就会出现问题。以上谈到现代人心理适应能力差,体能较弱,对环境异常变化的适应能力差。除了这些,人口数量空前多也是现代社会脆弱性的一种表现,众多的人口对粮食、水和衣物等生活用品的需求量很大,一旦出现灾情,需要的救灾物资特别多,给救灾造成的压力很大。总之,现代社会的脆弱性在多个方面已经表现得很明显,甚至很突出。

人类已创造了灿烂的文明,特别是科技与生产力水平的提高使得现代社会的总体繁荣程度前所未有,人类征服自然和应对自然灾害的总体能力不断提高,但现代社会的脆弱性也前所未有。针对现代社会的脆弱性,在特大干旱等自然灾害未发生之前,要做很多预防工作,当自然灾害发生之时能够沉着应对。有关内容将在下一章具体阐述。

三、现代社会救灾能力的客观分析

当特大干旱导致重大灾情且灾情不断延续之时,由于众多民众出现了生存危机,这个时候的民生问题就显得很突出。由历史上的救灾事实得知,官府救灾不能兼顾各个区域。有时候国家层面的一些宏观救灾措施在一些特殊的中小环境中所起的作用较小,一系列的问题会出现在一定的区域。比如,灾民的饮水、食物供应问题;患者的医治问题;灾民集中到某一地时的住房问题;一些不能自理的老年人的生活问题,等等。这些民生问题是灾情发生时很重要的事情,是救灾时必须首先面对的。

社会救灾的艰巨性分析。关于社会救灾的艰难,光绪初年的特大旱灾期间就有这样一个事实。前文中提到,光绪四年的陕西华县派出了接粮队,由于干渴很多人马死于途中,该事实能够说明社会救灾的艰难。车队是官府派出的,说明当时官府救灾有一定的规模,但客观条件限制了救灾的效果。当未来特大干旱发生之时,政府一定会尽最大的努力组织救灾。但救灾行动能否大规模地有效展开,还需看灾害的强度和波及的范围。2009 至 2010 年,云南发生特大干旱,政府组织了送水队。在灾情严重的地区,给每村、每户送水。[①]试

---

① 参见宋连春:《中国气象灾害年鉴(2010)》,北京:气象出版社,2010 年 11 月。

想想,如果河北、山西、陕西、山东、河南几个省区连年发生特大干旱,政府需要组织多少送水队？需要分配多少送水的人员？去哪里找那么多的饮用水？这种送水的方式显然行不通。可见,当旱灾波及的地域范围较小,受灾人口较少,灾害持续时间相对较短的情况下,社会救灾才能起到迅速有效的作用。

社会救灾系统在运行时往往要面对一些棘手的问题,以下进行几个方面的分析。

其一,当大灾降临,如果灾害的程度深、范围大、持续时间长,当社会的救灾能力远小于灾害的强度时,在一定的时间和空间救灾效果就不显著。中国北方地区地域广阔,不同地域自然条件差异较大,未来当出现特大干旱时,对于一些地域来说社会救灾可能顾及不到。可见,在大灾面前,社会救灾能力在一定的时空所起的作用非常有限。

其二,社会救灾系统的正常运行是有条件的,随着灾情的延续,救灾系统可能会出现不稳定性。救灾组织是救灾系统最重要的组成部分,需要多个行业的人参与。但如果灾情达到一定程度,参与救灾的部分人员在一定的时空条件下也会变为灾民,或者由于其他原因,此时的救灾组织可能会出现瓦解的情况。这个时候,全靠人们自己在环境中寻找生存的办法。因此,要抵御灾害,很重要的一点,是提高自救能力,提高自我生存能力。救灾系统完善是做好救灾工作的条件,但关键在于救灾的实施操作过程。在操作过程中,由于一些人为因素的影响,使实施的结果会出现多种可能。有些时候,救灾能力具备,但救灾渠道受阻。有时候,救灾能力具备,其运行渠道也畅通,但由于救灾系统的环节太复杂,一个环节出现问题,整个系统会受到影响。

其三,人口众多增加了救灾的难度。特大干旱导致受灾的是一个很大的面,而社会救灾首先照应的是受灾最重的区域,其次一步一步照应其他地区。如果灾情条件相近,会在一些人口密集的区域首先开展救援。如果所有的地域同时展开救灾会受到救灾条件的限制。可见,受灾地区中的部分人群会先得到救助,这是由救灾条件的局限性所决定的。2012年7月,北京石景遭遇出现了当地61年来最大的暴雨,由于人口众多,当时的救灾进行得很艰难。此次洪涝灾害提醒我们,在人口稠密的地区,即使是小区域受灾,救灾时也会付出巨大的代价。因此,人口众多给未来社会救灾增加了很多难度。

其四，个人自救和社会救灾有时会出现时空上的错位。对于每个受灾个体来说，当灾害发生时，往往要主动地采取自救措施。比如，去异地寻找食物，或迁徙他乡等，而不是在一个地方坐等社会救灾。而社会救灾的物资是到达一个一个的行政区域，再依次发放。不少个人可能已经离开当地，这样得不到社会救灾物资。可见，个人自救和社会救灾有时会在时间上或空间上发生错位，这样也会影响救灾的效果。

从以上分析得知，社会救灾任务艰巨，需要接受多方面不稳定因素的挑战。社会救灾系统具有多种局限性，该系统在运行过程中有时会受到一些客观因素和人为因素的影响，从而影响救灾效果，救灾系统在一定条件下会出现不稳定或者瓦解的情况。

四、时空相对变化增加了社会救灾的"价值"

(一)时间价值增长导致特大干旱时期"延长"

高效率、快节奏的现代化进程使时间的价值不断增长。对农业生产而言，农业科技的投入使农业时间的价值发生了变化。农田单产的提高是农业时间价值提高的一种表现。农业单产提高，增加了农业生产的收益。同历史时期的农业生产相比较，农业产值成倍增长。大棚和温室农业使一些地区一年之内的农作时间在延长，土地由传统的一年一熟变成一年二熟或三熟。在历史时期，一年特大干旱导致颗粒无收，影响了一年的农业生产。在未来，一年特大干旱，全年农业生产没有收成，相当于历史上2至3年或更长的时间没有农业收成。由这个思路可知，现代、未来一年农业时间的价值，相当于历史时期2至3年或更长的农业时间的价值。生长期较短的农作物的培育改变了多地的农作制度，在无霜期内，人们充分利用当地的光、热、水、土壤等资源，提高了单位土地的年生产量，农业产值提升幅度大。

农田单产的提高、大棚和温室农业的发展，以及生长期较短的农作物的培育，都是现代农业生产效率提升的表现。未来一年特大干旱所造成的农业损失，相当于历史时期数年或更长时间的农业损失。从时间价值的角度来讲，现代农业的时间价值增长了。

工业生产效率一年一年不断提升。同一种工业,现在一年的产值比30年前一年的产值增加了很多倍,30年以后一年的产值比现在一年的产值应该也会高很多倍。如果未来30年后发生特大干旱,耽误了一年的工业生产,损失的工业产值将会远大于目前一年的工业产值,更大于30年前一年的工业产值。从时间价值的角度来讲,工业生产效率的提高使工业时间的价值猛增,其增长速度远高于农业时间价值的增长速度。同样的道理,社会多个产业的迅速发展,使社会生产时间的价值一年一年不断地增长。

随着时间的推移,农业时间的价值、工业时间的价值以及其他产业时间的价值都会大幅度地提升。假设未来几十年之后发生一年特大干旱,给农业生产、工业生产以及其他产业带来的损失,将远大于目前一年内农业、工业及其他产业的损失,远远高于历史时期一年内相应产业的经济损失。从特大干旱导致经济产值损失这一角度思考,农业时间价值提升,工业时间价值提升,其他产业时间价值提升,都会延长未来特大干旱的"时期"。也就是说,未来发生一年特大干旱所造成的损失,相当于历史时期数年或更长时间发生同样规模的特大干旱所造成的损失。换句话说,时间价值增长导致未来特大干旱的时期"延长"了。

(二)地球空间缩小导致特大干旱空间"扩大"

现代社会交通、信息等多方面技术的迅速发展,使人与人之间、区域之间、国家之间的联系越来越紧密,不同区域之间连结成整体,国家与国家之间连结成整体。在这样的时代背景下,"地球村"的概念产生了。在现代、未来社会,人与人之间的关系比历史时期人与人之间的关系更为复杂,这是由时代的复杂性所导致的。随着社会的发展,行业的种类更多了,行业内部、行业之间的交流更紧密、更复杂。在一个国家内部,区域之间交流的内容愈来愈多,相互合作的情况愈来愈复杂。国家之间的关系愈来愈复杂,相互合作交往涉及的领域愈来愈多。

若未来中国北方地区发生特大干旱,首先会使农业生产遭受严重损失,那么与农业生产相关的产业受到的影响也会很大。这个影响会波及到国内多个区域,甚至影响多个国家。特大干旱导致严重缺水,工业的多个部门也会遭受很大的损失。由于工业的链条在国内其他地区和多个国家内延伸的情况很复杂,工业与其他行业的关系也很密切。由于连锁效应,特大干旱会影响国内、国外多地的工业生产以及其他行业的发展。北方地区的特大干旱会使干旱区内多个行业的发展受阻,甚至会带来严重的损失。同样的道理,这些损失会波及到国内、国外的多个区域。

总而言之,若未来中国北方地区发生特大干旱,除了大旱发生区的农业、工业等多个行业会遭受严重损失外,它的负面影响也会波及到国内其他地区和多个国家,这些负面影响在一些区域可能会很大。现代人已经形成了这样的思维:区域之间、国家之间的联系愈来愈紧密,感觉好像地球空间"缩小"了。由于区域之间、国家之间的联系愈来愈紧密,使未来特大干旱带来的损失或所造成的效应波及的范围更广了。换句话说:地球空间的"缩小"使未来特大干旱发生影响的空间"扩大"了。

由以上分析可知,时间价值的"增长"和地球空间的"缩小"导致未来特大干旱"时间延长"和"空间扩大"。未来中国北方地区一旦发生特大干旱,即使发生几年大旱,实际相当于历史上较多年份大旱所造成的损失,因为大旱灾耽误了高效率的生产和快节奏的生活。区域之间以及国家之间的联系加强,使灾情波及的范围更广泛。未来特大干旱带来的直接损失和间接损失,远大于历史时期相同规模的特大干旱所带来的损失。因此,这个时候社会救灾就显得更必要、更迫切了。可见,时空的相对变化增加了救灾的"价值",体现了救灾的重要性。

在历史时期,我国北方地区发生过多次特大干旱,每次干旱导致的灾情差异较大。特大干旱具有一定的周期性,是不可抗拒的自然规律。当未来的气候条件同历史时期发生特大干旱的气候条件相似之时,便可能出现与历史时期类似的特大干旱。我们很难预测特大干旱何时发生,但未来北方地区特大干旱发生的时间离现在不会太远。退一步说,即使近期特大干旱不会发生,随着时间的推移,其发生不可避免。未来发生特大干旱是不可避免的,且灾难是巨大的。不管人们如何理解,历史的多个事实证明,特大干旱发生是非常可怕的。在历史上,这些灾害发生在不同的时间和空间。在未来,它们一定能出现在一些时间和空间,也可能分散于多个时空。

现代社会生产、生活设施的脆弱性,现代人的脆弱性都是现代社会脆弱性的表现。高度现代化的生产、生活设施是经不起灾难冲击的,不同设施之间的相关性较强,只要一种设施出现问题,其他设施便也不能正常使用。在未来特大干旱发生期间,供水系统运行可能会出现不稳定状况,致使现代社会的多种设施的运行也受到影响。现代人的脆弱性主要表现为应对灾害方面的心理承受能力较低,对医药的依赖程度较高。多数人忽视体能训练,失去了多方面应对环境变化的能力。现代社会的多方面的脆弱性增加了救灾的难度。

未来特大干旱发生时,社会救灾能力有多方面的局限性。当受灾范围很大时,一些区域可能会得不到及时救助,这是由救灾条件所决定的。若干旱灾害程度深、范围大、延续时间长时,社会救灾能力在一些时空所起的作用会非常有限,当救灾系统出现不稳定时也会影响救灾效果。人口众多也增加了救灾的难度,在一些时候,个人救灾与社会救灾可能会出现时空上的错位,等等。

现代交通、信息等技术的迅速发展使地球的空间在"缩小",高效率、快节奏的现代化进程使时间在"延长"。时间价值增长导致未来特大干旱的时期"延长",地球空间缩小导致未来特大干旱的空间"扩大"。未来北方地区一旦发生特大干旱,即使是几年的大旱灾,实际造成的直接、间接损失相当于历史时期多个年份发生同样规模的特大干旱所带来的损失。因为特大干旱耽误了高效率的生产以及快节奏的生活。时空的相对变化成为增加社会救灾难度的一种因素,使未来社会救灾的艰巨性、重要性增加。

第六章　应对未来特大干旱的思维建造及具体措施

自从人类出现以来，多种气候灾害考验了一代又一代的人。人类在同这些灾害作斗争的过程中积累了多种生存、发展经验，使人类文明不断积累，社会不断地进步。当气候灾害以较为缓慢的方式到来的时候，人们有时间、有精力利用自己的智慧去应对。但是，当一些极端的气候事件突然发生时，主要是人们没有时间、没有精力去应对，或者说来不及应对。因此，广大民众要提前做一些预防措施，这样才能做好应对极端气候事件的事宜。未来北方地区特大干旱的发生是不可避免的，而现代社会的脆弱性以及救灾的艰巨性等多方面因素，必然会导致局部地区出现救灾达不到预期效果的情况。这个时候，社会的有序性可能会受到冲击或破坏，这是人们不愿意看到的。为此建议广大民众提前采取一些措施，防患于未然。

一、应对未来特大干旱的思维建造

要应对未来发生的特大干旱，调整、改变民众的思维方式是问题的核心。一旦民众的思维方式发生改变，相应的行动就会伴随其后。很多事例证明，正确的思想是正确行动的先行者。要做好应对未来特大干旱的事，首先要对民众的思维进行调整，让他们认识到预防特大干旱的必要性和重要性等一系列的内容。要调整民众的思维，必须启动大规模的、全方位的宣传教育活动，这种教育要持续不断地进行下去，才能让全体民众构建起应对特大干旱的思维体系。因为要做好应对未来发生的特大干旱的事，民众面临的最大困难是心理上的一个一个的障碍，而不是经济、技术等其他的问题。

(一) 认知自己的生物特性

为了应对未来特大干旱导致的荒灾,人们应该训练以下思维习惯。民众应该首先认知自己最基本的特性,即首先想到自己是一个具有生物特性的人,然后想到自己是一个社会上生存的人,最后再想自己的社会地位和经济地位。如果一个人心里老是想着自己的经济和社会地位,往往会忽略作为一个生物的人首先应该具备的思维基础,即忽视了作为一个生物的人首先应该具备什么样的能力。有了这样的习惯思维,以此为基础再进行体能等多方面能力的训练,进一步提高自己在灾难面前的生存能力。

充分认知自己属于一个生物人。一个人认知了自己的生物特性,他便懂得了一个生物体最基本的需求是食物、水、阳光、空气等,他也会体会到一个生物体健康成长的条件还需要优越的自然环境。以此为基础,一系列的健康习惯和环境保护行为会持续地进行下去。这些行为的结果既使自己健康成长,又保护了周围的环境。若一个人忽略了自己的生物特性,片面地夸大了自己的社会特性,他的认知多会被"功、名、利"等相关内容所占据。更有甚者,为了一些与健康不相关的事情,做一些明显有损于健康的事,在酒桌上过量饮酒便是典型的事例。还有一些人无意识地做一些破坏周围环境的事,例如:破坏花草树木,污染水源,其实主要原因是这些人没有认知到自我这个生物体健康成长需要优越的自然环境。可见,只有充分认知自己是一个生物人,才能做一个对生态、社会有益的人。

充分认知自己的生物特性,个体的人才有能力应对好未来的特大干旱。现代社会的广大民众在发达社会的呵护下过着快捷、方便的生活,更多的精力用于干好自己行业内的事。如果在认知中忽视自己的生物特性,表现在行动上就是往往忽视了困境中心理承受能力的训练和体能的训练。对自己生物特性认知充分的人,常常思考自己作为一个生物人应该具备哪些基本能力才能生存,才能够不断地督促自己进行体能等生存能力的训练。久而久之,他的体能等生存能力不断得到提升,作为生物个体的人,他便有能力应对未来特大干旱等灾害。

人应抛弃"主宰"思维,做和谐生态的维护者。在征服自然、改变自然、发明创造等方面,人确实是世界的主宰者。但人主宰世界局限在一定的时空,很多时空人不能主宰世界。当我们走在北京、西安这些大城市的闹市的广场上,人山人海,你会感觉到人确实是世界的主宰者。当你走进秦岭山的腹地,漫步在青海湖的周围,或者置身于茫茫的内蒙古大草原中时,你一定会体会到人在自然面前力量的渺小,更不会有人能主宰世界的感觉。但是如果时时处处老认为自己是大千世界的主宰者,在这种思维方式的支配下,人会变得为所欲为,一定会犯许许多多的错误。人必须调整、改变思维方式,必须承认自己是自然界物种中的一员,这样才能客观地审视自己的生态位置,才会尊重别的物种的生存权,然后客观地思考自己同别的物种间的关系。为了生态的整体和谐以及持续和谐,人们在充分认知自己生物特性的同时,应发挥自我优势,多承担一些责任,多做一些力所能及的事,维护整个生态系统的和谐稳定。

(二) 普及危机意识,建立抗大灾意识

普及危机意识从我做起。"危机意识"这个词已经普及整个现代社会,只不过人们对它视而不见或听而不闻,原因是多数人没有真正体会它的内涵。这里以特大干旱这个内容作为具体话题谈谈危机意识的普及。现在举一例:若停水一天,人们心里想"先等等,水很快就来了"。若停水两天,心里就着急了,因为无水引发了很多生活上的不便。若连续停水三天,心里就焦虑了,这种焦虑的心理是一种危机感,这是真切危机意识的体验。如果中国北方地区大范围连年大旱发生了,大区域已严重缺水,到那个时候是真的危机来了。上文我们已经推知这一事实将来一定会发生,社会的全体民众要相互宣传将来要出现的这个危机,让全社会的人知晓,大家从我做起,从现在做起,在整个社会逐渐普及危机意识。

下面粗浅地谈一下"居安思危"与"居安思乐"这两个概念的不同以及两种思维产生的不同后果。"居安思危"是古人留给我们的一个成语,它产生于漫长的历史进程中,是总结许许多多历史经验后得出的。它提醒人们在正常的生活中要多想一些可能发生的危机事实,以利于人们提前采取措施杜绝危机产生,或减少危机出现的频次。"居安思乐"这个词对于我们现代人更熟悉,在已经进入小康社会的中国,幸福的民众常显现这种思维。比如:"今天午餐

吃什么？这个餐馆没好菜，换一个餐馆吧。""这辆车已经开了五年了，人们都劝我买一辆更高级的。""今天的狗市上有了一种很通人性的新的宠物狗，咱再买一条吧。"诸如此类的现代生活方式把"居安思乐"这种思维显现得淋漓尽致。以上两种思维产生的后果差异明显，长期"居安思乐"的人们一旦遇上特大干旱等灾害，并出现了生存危机，到那个时候，在心理上人们会出现恐慌，在行为上会显得措手不及，难以应对。相反，人们长期具备了"居安思危"这种思维方式，若遇到大的灾难发生，能够以冷静的方式沉着应对，一定不会措手不及。

抗大灾意识建立在危机意识的基础上。危机意识是基础，这种意识升华之后便可发展成为抗大灾意识。抗大灾意识主要是在全体民众这个层面上而言的，建立抗大灾意识是全社会各行各业的事。需要政府协同各行业、部门落实，需要教育、文化部门牵头，在全社会进行全方位的宣传教育。政府部门要利用现代教育的便利，利用多种宣传媒体加大宣传教育的力度。相关的学者要对未来特大干旱等灾害发生时可能出现的民众思维进行预测。

在个体层面上，教育民众要从大局出发，在思想意识上积极配合国家、社会的备荒行动，了解统一协调、合力救灾的重要性。在基层要宣传备荒的作用和意义，让更多的民众意识到特大干旱等灾荒到来的危害，并掌握防御灾害的办法，推广普及在大灾中生存的基本常识。比如，如何保护生命防止野生动物的侵袭？如何找水？哪些是可食的东西？等等，让更多的民众知晓在恶劣环境中生存的办法。

现代社会的很多人过分沉溺于对生活的享受，那是不明智的思想支配下的行动。在气候正常年景，人们在舒适的环境中奢望得到许多快乐。可是在大灾年景，人们就连维持生存都很艰难。倘若大的灾害发生，很多人很难接受这种巨大的心理反差。基于此，在气候正常的年景，应实施一定的相关训练，比如，现代社会推广的野外生存训练等能够达到这方面的效果。这方面的训练急需加强，让民众做好心理承受的准备，否则在真正的灾荒来临时人们会出现心理上的不安。可见，全体民众抗大灾意识的建立和加强需要全社会的重视，是必要的，也是急需的。

（三）倡导生物之间平等且相互包容的发展理念

整个地球生物圈是一个生态共同体，各类生物之间相互依存构成了复杂的生态环境。同样的道理，一个大洲、大洋或一个区域都是大大小小的生态共同体。地球是所有生物共同的家园，人类必须摆正自己在环境中的地位。人作为一种理性的生物，应该发挥理性特长，在包容发展理念的支配下促进生态和谐发展。

包容发展的理念的主要内容是：人们首先应该承认生态系统中的生物是平等的，其他生物和人类一样有生存发展的权利，人类在自己发展的同时要给其他生物留出一定的生存空间；人们不应该利用自己的优势过分排挤其他生物的生存空间，更不能采取一些残忍的手段企图灭绝其他生物，这是违背自然发展规律的行为。

关于提倡生物之间的平等，一些人提出了疑问：这样做是否把人的地位降低了？很多人难以接受这个观念。其实在"生物之间相互平等"这种观念支配下的行动更有利于人类，因为这种观念能够鼓励更多的人参与保护生态的行动，这样的行动带来的结果是：出现了复杂稳定的生态系统。复杂稳定的生态系统是各类生物依赖的稳定的生存环境，可以有效地提高抵御特大干旱等灾害的能力。当大灾降临之时，这里能相对稳定地提供食物、栖息地等生存条件，可缓减灾害，提高各类生物的抗灾能力。复杂稳定的生态系统既有利于人类的生存，也有利于生态环境的和谐稳定。总之，倡导生物之间平等且相互包容，既能促进生态环境和谐稳定，也能使生态环境中的各类生物繁衍生存，保持生态环境的有序运行。

（四）建立大家园意识及和平发展理念

地球是我们的大家园，国家是大家园中的一部分。生活在大家园内的每位成员都要有大家园意识，从内心热爱大家园，因为这是我们的家。一个稳定和谐的家是我们幸福生活的基础，如果我们的家遭遇劫难，家里的成员会是什么样的处境，结局可想而知。只有我们共同维护好大家园，小家园才能安定，因为小家园存在于大家园之中。

构建大家园意识需要行动配合。爱自己的小家园是我们本能的意识所支配的,但我们不能只想小家园,不想大家园。我们每个人要适当地去掉自己的一些私欲,大家行动起来,为大家园的建设做一件一件的小事,大家合力行动的效果是非常可观的。伴随着大家园建设的推进,大家园意识的建立还需要文化、教育部门配合做宣传工作,让民众在理性认知上意识到这种思维的重要性,同时在情感上增加对大家园的热爱,大家园意识就会逐渐形成。

在整个社会建立人人平等互助的伦理道德观念,这是现在、未来人们加强合作的基础。当未来特大干旱等大灾发生,生态环境的巨大变化使原来的社会秩序发生剧变。在气候正常的年景,人们对事业和地位等执着追求,但这个时候环境条件变了,多数人的行为主要是维持生存。只有在人人平等互助的伦理道德观念的驱使下,处于灾难中的人们才能加强合作,从而增大应对灾害的合力。在以上逻辑推理的驱使下,在大灾还没有到来之前,我们现代社会要进一步倡导人人平等的观念,在整个社会深入普及这种观念。

人人平等的观念是和平理念发展的基础,和平理念是现代社会提倡的人与人之间、国家与国家之间以及人与自然之间应该和谐相处的道德准则。在未来特大干旱等灾害发生时,应加强推崇和平理念。

当灾害发生之时,个体的人应对灾害是最基本的行动。但是在一定的环境条件下,利用集体的力量才能克服一些较大的困难,增强整体抗灾能力。利用和平的理念教育每个人,才能把更多的人凝聚成一个集体,以提高整体应对灾害的能力。在和平理念支配下,人与人之间、集体同集体之间、区域与区域之间,才能尽可能化解分歧,加强合作,战胜灾害,共度难关。当灾害波及的区域很大,包括多个民族居住区时,这个时候和平理念对于处理民族之间的关系就更为重要了。整个灾区的人们应携手共度难关,发扬人道主义精神,团结互助,文明应对灾荒。

历史上有这样的反面事例:在历史时期,当一些大灾发生的时候,人们相互联合成集体,进行谋求生存的行动。主要表现为抢劫、掠夺等,出现了许多惨不忍睹的场景,有许多野蛮行为出现在其中。这些行为增加了社会的动荡,这方面的历史教训太深刻了。①仔细分析,他们的行为也属于集体自救,但是在当事人的心中至少和平理念很淡薄,或者是受了强盗逻辑的支配。在未来社会,我们不愿意再看到这些,即使出现也希望尽量少一些。这也是在灾荒未发生之前,教育广大民众普及和平理念,并且让其不断深入人心的原因所在。因此,在灾荒未发生之前,整个社会的民众要建立人人平等的观念,同时加强民众和平发展理念的教育,并且让其深入人心。整个社会有了这样的思维基础,未来当灾害发生之时,区域内部的人们才能携手共度难关,区域之间才能协调救灾,民族之间才能够友好地协作和共同抵御灾难,整个灾区的人们才能够有序地度过艰苦的日子。

二、特大干旱未发生时实施的预防措施

思想是行动的指南,先导的思想引领一系列后续的行动,在预防特大干旱思维建造的基础上开展有序的备荒行动。

(一)民众与政府在备荒行动上应协调统一

民众是长期防灾备荒的主体,政府及所属的社会组织是紧急救灾的主体。但在所有备荒事宜上,民众与政府需要协调统一,备荒行动才能有序进行。

备荒宣传工作只有政府统一组织、协调才能做好。备荒宣传需要各行业、各部门参与,宣传效果才会更好。在宣传工作中,比较难的事是:如何给文化层次偏低的群体解说?如何给偏远地区的乡村百姓解说?如何给职业不稳定的群体解说?等等。备荒宣传工作不是一朝一夕能够做好的,需要耐心地、长久地持续下去。这项工作要达到的基本目的是:让各地群众深入理解民众个体备荒行为的合力对国家整体备荒的作用。以下针对备荒事宜阐释个体行为与国家的关系。

理解国家大庭院与自家小庭院的关系。国家是我们的大庭院,自己房屋所在的地方是小庭院。民众应开阔视野具有长远目光,多为大庭院做力所能及的事。这实际上是保护自己的小庭院,当然也是保护自己。一些事情不需

---

① 参见王太宇:《自然灾害后的犯罪趋势及其控制》,《当代法学》,2012年第2期。

要政府部门干涉,民众应自觉地做好,因为这是自己庭院里的事。从古到今的人们都热衷于建设自己的小庭院,院内有花草,有种植的蔬果,还有饲养的牲畜,内部一砖一瓦、一草一木都是自己家的。哪些需要精心培育?哪些需要呵护?心里格外明朗,小庭院可传给儿子、孙子,可以一直传下去,经常维护,时常保养,以确保房屋坚固耐用,保持满院绿色。国家大庭院内很多事也需要院内所有成员一起去做。保护森林、水源、野生动物等都是成员们的分内之事,但只做好这些事是远不够的。庭院里蕴藏着多种危机,如大旱、大涝、地震、动物灾害等,大家要共同应对可能发生的危机。历史事实证明,突如其来的灾难降临,有时人们防不胜防,造成的后果不堪设想。

大庭院与小庭院的关系对于多数人来说往往视而不见。小庭院是大庭院的一部分,若大庭院内灾难降临,小庭院不会免遭灾害。凡精心建设小庭院者都是大庭院的建设者,但大庭院里有很多公共区域,如大气、森林、水域、荒漠等,它们不属于小户所管辖,这是成员们普遍忽略的区域。可是这些区域一旦出现问题,就可能殃及千千万万个小庭院。保护大庭院,做好当前的事,防备未来可能发生的灾害,这是成员们分内之事。若这些事需要政府部门检查干涉,就显得庭院内的成员们眼光太短浅了。大庭院内的各位成员,我们要开阔视野,做清醒、智慧的庭院人,做好自己该做的事。

在气候平常的年份,社会上不同层面的人在大庭院内应该为备荒做一些力所能及的事。调查显示,社会上的一部分人有时是无意做一些不利于备荒的事情,对于这些小事所产生的后果思考得较少,比如:采摘花草,污染水源,浪费饭菜,等等。这一件件事情看似与备荒无关,事实上正是破坏环境、损毁资源的行为。众多个体的行为积少成多,组合起来能够产生较大的效应。一些行为有时候是生存所迫,或者是经济利益驱使。比如一些偏远地区的百姓砍伐林木作为柴薪,这是生存所迫导致的行为。一些百姓捕杀野生珍稀动物,这是经济利益驱使引发的行为。这些行为能够对生态环境造成巨大的破坏,不利于备荒。制止砍伐林木的主要措施是国家投资改变百姓的生活能源结构,防止滥杀珍稀野生动物的办法是加强教育和执法部门参与。

让基层行政单位的行政人员了解救灾预案的具体内容。我国对救灾已经积累了丰富的经验,比如:制定了多级救灾预案,成立了不同级别的救灾机构,相应有不同规模的救灾物资储备等。一旦发生特大干旱等较大的自然灾害,救灾便成为全社会的事。当开始启动救灾的时候,救灾机构的工作人员熟悉业务,其他行政人员则会显得措手不及,原因是大多数行政人员不了解救灾的具体程序和方法。因此,在大灾未发生之前,应该让基层行政单位的非救灾部门的众多行政人员,了解救灾预案的具体内容,让他们提前掌握更多的救灾方法,随时准备参与救灾工作。

把一些备荒工程纳入社会发展计划中。备荒工程种类较多,比如:在供水充足的区域修建不同类型的储水设施;在淡水供应充足的沿海地区建设海水淡化设施;在生态秩序正常的自然保护区给野生动物修建储水设施;在能源供应稳定的地区修建备用的能源设施;等等。这些备荒设施的修建对当前经济发展作用较小,但从长远考虑对民众是有益的。一旦未来发生特大干旱等大灾,可保障整个社会按照原来的运行方式稳步发展。

全民节俭、杜绝资源浪费是备荒的基础条件。节俭包括的内容较多,如节约粮食、节约生活用品、节约制造生活用品的原材料等。也分为个人节俭、公司节俭、一个地区的节俭以及国家节俭等等。这里的主要话题是为未来特大干旱等大灾而节俭备荒,这就与人们享受生活相矛盾。民众的一些奢欲需要限制,一些奢欲需要控制,人们在进行自我节俭的同时,也要提醒教育他人养成节俭的习惯。整个社会要杜绝浪费,对浪费资源者在道义上要指责,同时还要利用法律进行约束。资源浪费得越多,越不利于资源的储备。资源储备减少会给人们的生活带来影响,更不利于为未来的大灾发生而进行的备荒。个体民众要远离自私享乐,整个社会要树立节俭的风尚,这些社会行为的结果一定是"储粮有余,物资充足"。倘若有一天特大干旱等大灾降临,这个时候,整个社会已经具备了度灾的物质基础条件。

总而言之,政府在备荒事宜上要做一些大事,在宏观上要协调组织,同时要号召、鼓励民众做一些力所能及的事情。民众是备荒的主体力量,引导、教育民众参与备荒,调动他们行动的积极性和主动性,这是备荒的关键所在。

(二)生物备荒措施

北方地区扩大节水农业的发展规模。中国北方地区地域广阔,不同地区气候条件差异大,依据降水分为四种气候区:干旱区、半干旱区、半湿润区、湿润区。西部干旱区的大部分地域基本不符合发展农业的条件,在半干旱、半湿润区既有旱作农业又有灌溉农业。这里的思维视角是为未来特大干旱的发生而备荒,建议发展节水农业,主要采取以下两种措施。其一,扩大旱作农业的规模。首先要论证农业的投入与产出,在不影响经济收益的情况下,可增加耐旱农作物的种植面积。比如,降低水稻的种植面积,增加小麦和杂粮的种植面积。一些杂粮虽然单产低,但市场价高,可适当地考虑多种植。其二,在灌溉区推广滴灌技术,加大投资力度。滴灌是节水农业的一种重要方式,这种灌溉方式推广的主要限制因素是资金,不少地方由于资金紧缺政府放弃了这种投资。面对这一问题可考虑招商引资,采用股份制的形式解决资金不足的问题。一个地区在一定的时期水资源是有限的,发展节水农业可节约大量的水资源。节约下来的水的一部分可用作生态用水,改善生态环境,另一部分可以储存,以备干旱发生时急用。无论是改善生态环境,还是储存下来,都有利于备荒。可见,扩大节水农业的发展规模可作为生物备荒的一种方式。

种草植树是改善生态环境的重要方式。森林、草地能够涵养水源,也是拥有丰富动植物资源的地域。种草植树能够增加草地、森林的面积,使生态环境得到进一步优化。生物量丰富的森林、草地在特大干旱发生期间仍然有较多的动植物资源,可以成为人们寻找食物的地方,在一定的时期能够成为民众的避难所。以下就中国北方地区种草植树谈一些具体建议。

保护原有的森林、草地,同时培育人工林和人工草地,宜林则林,宜草则草。种草还是植树?主要依据当地的气候条件,降水量是最重要的因素。在降水量较少的地区,大部分地域适合种草,在地下水充足的区域可植树。在降水量偏多的地区适合植树,对树种的选择主要参照当地具体的降水量,还需考虑阳坡、阴坡以及海拔高度等。耐旱的树种有榆树、杨树、槐树等,喜湿的树种有柳树、梧桐等。曾经有过的经验教训是:在黄土高原一些降水量少的地区大片植树,树长大以后,它们正常生长所需的水量增加。由于降水量不足,根系大量进入黄土下层,汲取了大量地下水。多年过去了,深层黄土层的含水量减少,甚至出现了较厚的干土层,破坏了黄土内部的生态结构。这种生态破坏导致的后果较为严重,生态恢复很困难,这些反面经验教训是深刻的。

在黄土高原地区,除耕地外,其余地区要种草植树。在地势低洼较湿的地区,营造以果树为主的经济林,或者用材林。村落周围或者村子里多栽植果树,具体树种依据当地降水量等因素确定。在地势崎岖不平的地带,据土层及地下水分布情况,可栽植树木或种植草本植物。在较干的黄土坡上让植被自然恢复,尽量减少人为因素的干扰。每一具体地域栽植草木情况要依据地貌、土质、地下水以及光照等情况确定。

在华北平原,目前大部分土地已被利用,耕地、村落、城镇占用土地率较高,当然一些地区也有绿化的潜力。比如,在河道两侧附近或河滩,栽植喜湿的树种,可以稳固河道,保护附近的农田。在河口低湿地带,要保护好湿地,这些地域是水鸟等多种水生动物的栖息地。在不宜耕作的小丘陵区大量栽植果树,在维持生态稳定的同时,能够增加经济效益。在村落、城镇内部及周围地区还有绿化潜力的地方,可栽植果树或用材树种。

在山地地区,首先要保护原有的森林、草地,在此基础上加大植树种草的力度。一些宜林地缺少树木,主要原因是在不同的历史时期人们砍伐林木所造成的,现在应该有序地恢复。一些草地出现荒漠化现象,主要是由于过度放牧、垦殖等不合理利用造成的,恢复草地需要技术措施和管理措施并用。山地植树种草要充分考虑海拔、坡向、风向、日照等自然地理因素,要充分地利用土地、水资源及气候资源。山区地域广阔,生态改善的潜力很大,需要政府出台鼓励民众积极种草种树的政策措施。在政府投资的同时,倡导集体、个人投资。比如,允许个人承包草地、林地,承包期要长一些,消除他们的后顾之忧。规模种草植树的人们,政府要给予他们一定的补贴。对改善生态的突出贡献者,政府要推出奖励措施,鼓励他们的积极性。

大量栽植榆树可作为备荒树种。榆树是一种耐干旱、耐贫瘠、适应性强的树种,生长寿命长,树高可达 20 米以上,树茎可达 1 米以上,适合于在多种自然环境中生长。在历史上,榆树可为饥荒年间的人畜提供食物和药材。榆树皮可作为充饥的食物;榆树钱是美味的食物,老少皆喜食;榆树叶是牛羊马等牲畜喜食的饲料;榆树皮、叶、根都可入药,能止血。在北方降水量较少的地区可广泛种植榆树,它们在这一带长势良好。在历史上广泛种植榆树的证据之一是一些地名与榆树有关,如榆林、榆树沟、榆林洼等。若未来北方地区发生特大干旱,在一些地区,榆树可为民众提供一定量的食物和药材,能够缓减灾情,在多地大量栽植榆树可为未来的特大干旱备荒。

多栽植果树,广种救荒作物,识别野外可食的植物。栽植果树的具体树种要依据当地的气候、地貌、土质以及水文等条件而定。在一些交通不便的地区,在气候平常的年份,果树的经济效益一般不会很好,因为多数产品不能作为商品销售。但若遇到灾荒年份,这些果树的果实可以救荒。比如,晋西北的海红果在干旱年份就可以作为救荒食物。经调查,在特别干旱的年份,海红果还可以大量地结实,而且在干旱年份由于阳光充足,它们的果实更甜。

大量种植土豆、萝卜、红薯等地下芽植物,可作为救荒作物。干旱、半干旱地区的地势低洼的地区,往往是常年水分条件较好的地区,可种植土豆、萝卜、红薯等地下芽作物,这些农作物产量高,储存时间长,一般可储存一年左右的时间。历史事实证明,土豆、萝卜、红薯等在灾荒年间能供人们充饥,若大量储存它们,人们可熬到来年新粮成熟。在20世纪60至70年代,全国多地建起了规模不等的淤地坝,在之后的不同年代,各地又陆续修建了一些淤地坝。这些淤地坝现在有的变成了耕地,有的还是水坝。由淤地坝改造的耕地多为下湿地,在一些干旱年份可以种植土豆、红薯、萝卜等作物。现在,在有条件的地区,还可修建新的淤地坝,建造耕地,或者对过去的一些淤地坝进行整修。在这类耕地或其他地下水出露的一些低湿地,每年多种一些土豆、萝卜、红薯等作物,为未来可能发生的特大干旱等大灾备荒,可达到有备无患的效果。

在历史灾荒年份,饥民食用野菜可缓减饥荒。在漫长的农耕社会,多数民众能识别哪些植物可食、哪些植物不可食。这些经验代代传承,历代官方编写了不少有关救荒植物的书籍。为了应对未来可能出现的饥荒,乡村的民众要有意识地食用一些野生植物,以便识别它们,为未来利用它们做准备,城镇里的人也要找机会掌握这些本领。若未来真的出现食物短缺,民众走到广阔的野外,具备这些本领的人生存的机会可能更多一些。

推广中草药,传承中医治疗方法。中国传统中药历史悠久,几千年来世世代代的人们积累了丰富的经验。据爷爷、奶奶讲,他们小时候,没有西药,只有中药。当得病的时候,首先使用自己采的中草药,如果自己的药治不好病,才去找当地的郎中,诊断后再买他们的中草药。不少历史文献记载,中草药在古代瘟疫流行过程中有奇特的疗效,现代社会的多数人已经了解了这一事实。自从西药占领医药市场以来,乡村、城市的居民对西药的依赖性增强。城市居民无条件采集中草药,在广大乡村的居民中,老年人还能认识一些中草药,还能记一些偏方,中青年人大多数不认识中草药,更谈不上采集。

世世代代在民间流传的中草药治疗方法在很多百姓的心中已经被忘记了,用中草药治疗的意识也渐渐地不存在了。这一方面的损失对于医药科学发达的现代社会来讲,不影响人们对疾病的治疗,更不会影响到人们的生活。可是当未来发生特大干旱时,现代医药系统在一定的时空出现紊乱时,这方面的损失便会显现出来,因为这些时候正是人们疾病的多发期。当人们走向野外,进入山里,如果能认识和采集中药,可以预防和治疗疾病,或者可以缓减病情。如果人们对中草药的知识一无所知,那在大灾面前因疾病导致的人口死亡率会增加。目前,应该向广大民众推广中草药,建议城镇、乡村居民有意识地去识别中草药,掌握一些治疗常见疾病的中草药处方,并且学会采集储存中草药,掌握传统中医药治疗的方法。在一定的环境中,当医药供应不足时,可利用中草药医治疾病,这是野外生存应该具备的条件之一。

(三) 储粮储水修建备用的能源设施

未来特大干旱期间,利用现代快捷的交通设施,人们容易到达沿海地区。但在沿海地区安置更多的人口较为困难,因为缺乏可以饮用的淡水,粮食、能源问题也显得很棘手。所以我们目前面临的重要任务是:海水淡化系统的建立,备用住宅的修建,能源系统的建立,粮食的储存。

(1) 储粮

中国目前是一个粮食进口国,为了确保粮食安全,应在国家层面把储存粮食作为大事。本书提及的"储粮"的主要思维角度是:应对将来的一些不测年景,比如北方地区发生特大干旱等。目前中国乡村、城镇的个体居民存粮均较少,一般是现买现吃,这是现代消费观念影响的结果。相比较而言,三四十年前的中国社会,多数家庭存粮较多,这是由传统消费观念所导致。

为应对未来的特大干旱,农户要配合政府储存粮食,充分利用国家现有的储粮设施,作为备荒存粮的重点场所。比如,在气候正常的年景,响应国家的粮食收购政策,出售一定数额的余粮。在一些较为偏远的地区,集体、个人可修建一些储粮设施。重点要选好地址,要考虑防潮、防鼠以及隐蔽等,把粮食储存在安全的地方。在这些地区,粮食运进、运出都不方便,一旦有灾荒应以自救为主,国家对这些地区的救灾效率相对较低。

对于多数乡村地区,根据粮食生产的具体情况,集体、个人要修建集体粮仓和个体粮仓,因为乡村地区有修建粮仓的条件。储粮本是中国传统农耕社会的习俗,笔者采访过一些乡村地区的老人,大多数老者都经历过饥荒。多少年来他们一直认为"储粮"是每年秋后的第一要事,老人们提到的"储粮"指的是为一年以后可能出现灾荒而储粮。生活在城市的居民没有建粮仓的条件,可以购买一些容器适当地储存一些粮食。还可利用城市商品流通频繁的优势,平日多购置一些耐储存且加工过的食品。若遇到购买粮食不方便的情况,可保证家庭在短期内不会出现食物危机,能够维持正常的生活秩序。

(2) 储水

现代人比起古人饮食水平明显提高了,是依靠现代发达的科技、生产力水平作为保障。就饮水而言,居民要求很高,如果自来水净化不达标,民众便通过多种方式表达自己的诉求。若在未来一些时空,由于大的天灾导致饮水无法得到保障,那时的民众又该如何?这里还是要提到未来的特大干旱,当北方地区大范围出现水库枯竭,地下水位严重下降,人们该如何应对?以下谈及储水备荒的设想。

扩大"南水北调工程"的服务范围,要重点倾向于人口密集的居民区。"南水北调工程"分为三条线路:东线工程、中线工程、西线工程。该工程把长江流域的水引向淮河、海河、黄河流域,以解决北方地区的缺水问题。东线工程于2002年12月开工,2013年8月一期工程全线通水。中线工程于2003年12月开工,2014年12月一期工程正式通水运行。西线工程目前尚未开工。东线、中线供应的水可到达淮河流域、海河流域以及黄河流域的中东部地区,成为这些区域的人畜饮水、农业用水、工业用水以及生态补水的重要水源。关于"南水北调工程"的后期项目等应继续推进的内容,相关部门规划得已经很完善了。笔者在这里建议的角度是:扩大"南水北调工程"的服务范围,要重点倾向于人口密集的居民区。提出这种思维角度的主要原因是:在未来北方地区特大干旱发生期间,长江流域更多的水资源能够被输送到干旱区救助受灾的人口,最大限度地缓减灾情。

北方沿海地区建设海水淡化工程。一些淡水缺乏且靠海的国家,海水淡化工程早已启动多年,这方面已经积累了丰富的技术经验。中国沿海地区淡水资源丰富,没有必要建设海水淡化工程,当然这方面的技术经验相对欠缺。中国北方地区有较长的海岸线,当未来特大干旱发生时,可以充分利用这一优势。国家可以有计划地在北方海岸线附近建造一系列的海水淡化企业,这些企业的产品是淡水和海盐类。依据企业投入、产出的多少,国家可以考虑给予一定数额的补贴,以维持企业的正常运行。在未来发生特大干旱之时,可以在此基础上扩大企业的生产规模,以提供更多的淡水满足居民的饮用水需求。若站在气候正常的年景以及社会正常发展的角度而言,建设海水淡化工程对当前经济发展的推动作用较小,其必要性也较小。但若站在备荒的角度而言,建设海水淡化工程其社会意义重大,也非常有必要。

当未来北方地区发生特大旱灾,而南方气候正常或出现洪涝灾害时,利用"南水北调工程"可为北方地区供应一定规模的淡水。但在冬、春季节,南方属枯水季节,"南水北调工程"的供水效率会变得很低。在此期间,北方沿海地区的海水淡化工程的规模就需扩大,才能满足北方地区人们的用水需求。

多地启动"深水井工程"。"深水井工程"是利用现代化设备钻井汲取深层地下水的工程,目前在我国已经是广泛启用的工程,所得的水主要用为工、农业用水和人畜饮水。例如,在一些较为干旱的年份,华北平原的一些地区启动该工程获取麦区灌溉水和人畜饮水。在中国北方地区,黄河中下游地区多个区域的河流沉积物的厚度达几百米甚至上千米,深层地下水储量较大;沙层较厚的盆地内地下水埋藏较深;黄土高原黄土层较厚的地区,一些地方地下水较深,等等。深层地下水的水量受短期气候变化影响较少,是相对稳定的水源。

为了保证人畜饮水的稳定性,在一些饮水较为困难的地区,国家启动了该工程,使广大民众受益。"深水井工程"是北方地区多地预防特大干旱的备荒工程,在未来特大干旱时期,深水井供水时间长于普通井的供水时间,可缓减一定的灾情。在气候正常的年景,一些地区水源较为充足,如果该地有较多的深层地下水,也要启动这项工程,有计划地建造系列的深水井,以备未来一些年份急用。

村庄、城镇大量储存天然降水。乡村家家户户要修建水窖、旱井等储水设施,水窖、旱井是饮水不便地区传统的储水设施。近年来,随着全国各地奔小康的进程加快,自来水管延伸到乡村的各个地方。于是,自信的人们感觉到时代变了,传统的饮水设施也该淘汰了。在这种社会背景下,不少乡村居民让原有的水窖、旱井废弃了。在这里,我的主要观点是修整、修建水窖、旱井,让它们重新进入我们的生活、生产中。

家家户户院子里修建较大的水窖,村里还可以集中修建大型的水窖。修建水窖的基本建筑材料是砖、石块和水泥,要保证水不渗漏。水窖也可以称为"地下封闭水库",储存到里面的水既不下渗,蒸发量也很小。旱井类似于水窖,比水窖的修建更为简单。在能够收集雨水的地方打一眼竖井,深度依据需要而定。在底部和两侧抹一层石灰和胶泥的混合物,以防雨水渗漏。旱井的修建成本较低,一些不富有的农户也不需要担心修建成本的事。

在降水正常的年份,水窖、旱井要尽量储存足够多的天然降水。若第二年降水仍为正常,可用储存的水浇地或让牲畜饮用,尽可能更新里面的水,以防储水出现异味。若发生两年或两年以上的特大干旱,可对全村水窖、旱井里储存的水做一些净化处理,作为两年内的人畜饮水,这些设施便达到了预防干旱的目的。若多年不发生特大干旱,很多人便会对修建这些设施提出疑问,这种疑问是没有必要的。历史事实证明,北方地区发生特大干旱具有一定的周期性,是不可改变的自然规律,是不以人的意志为转移的。如果多年来不发生特大干旱,这是正常现象。大多数人的有生之年超不过百年,若在百年内不发生特大干旱,也不能排除以后不发生。因此,为未来特大干旱储存用水,为可能发生的大旱做准备,这是应该做的事。年年不厌其烦地备水,这是正确的行为,这便是古人所言的"思则有备,有备无患"。

有条件的村庄可以修建小型水库,水库要有良好的排水、退水设施,防止在降水多的年份被洪水冲垮。20世纪六七十年代以来,全国各地修建水库积累了较为丰富的经验,应该充分汲取。国家、集体修建的不同类型的水库以及相应的水利配套设施,会对之后的工农业用水和防止水土流失起到不可估量的作用。

城市内各小区修建大型的雨水储存装置,收集天然降水。依据小区多方面的条件,这些储水装置的建设可模仿乡村水窖的修建,既不能让水下渗,也要尽可能地减少水的蒸发。在气候正常的年份,这些天然集水可作为清洁用水,或者作为绿化用水等,这样可减少自来水供应量,节省优质水资源。在干旱年份,把储存的天然降水经过净化处理,可以作为人畜饮用水。为预防未来的特大干旱,储存的天然水的水量要大,预计可供应两年左右小区内的人畜饮用水。这里的基本思路是:假设两年内不能供应自来水,储存的天然降水能够满足本小区的人畜饮用。作为饮用水时,由于天然降水有一些杂质,需要进行一定程序的净化。该储水装置要配备净化设施,以便随时时行净化处理。若连续多年降水正常,也要让储存的水定时更新。

总之,对于备荒储水的相关事宜,在国家层面上,要修建、完善大型水利工程;在集体、个人层面上,要修建、完善一些中小型的水利设施;各地备水要因地制宜,首先要加固维修原有的水利设施,再考虑修建新的水利设施。

(3)建设独立的中小型能源系统

人们的生活时时离不开能源,煮饭、烧水、照明等一天的基本生活缺少能源是不可想象的,电力系统是大多数地方主要的能源系统。当北方大范围发生特大干旱的时候,电力系统的运行一定会受到影响。当大旱持续,河流水量一定骤减,水力发电机组的正常运行会受到限制,发电量会减少。火力发电的稳定性也会受到特大干旱的影响,当灾情发展到一定程度时,燃料供应可能出现差错,一系列的问题可能都会出现。燃油发电机是救灾供电的应急装备,不过一旦燃油供给出现问题,它便也失去了作用。为预防特大干旱期间大的电网出现故障,在易发生干旱的区域,应建立一些独立的中小型能源系统。

建设独立的中小型能源系统要因地制宜。在风力资源丰富的地区投资风能发电项目,这是一种较为稳定且清洁的能源系统。在内地的一些高地,年内较多日数风力较强,可以把这些风能转化为电能。在沿海地区,海风、陆风交替出现,风力资源丰富,也可投资风能发电项目。在降水偏少的高地,太阳能丰富,可投资大大小小的太阳能发电项目。在考虑为未来特大干旱救灾建预备的能源系统时,这些装置更实用,因为在特大干旱期间太阳能更充足。在一些牧区或者大型牲畜较多的地区,可考虑修建一些小型的畜力发电装置,在急需之时,可把畜力转化为电能。无论城市还是乡村,各家各户要储备一些蜡烛、柴油,要妥善保存,以备急用,这些物资也属于能源系统的一部分。以上提及的建设独立的中小型能源系统,是考虑未来发生特大干旱等天灾导致国家电网出现异常之时备用的能源系统。当然这些能源系统在平常年份也可以试着启用,这样可以检验这些装置的运行效果以及实用情况。

(四) 修建备用的安置人口的工程设施

在备荒事宜上应总结历史经验教训。1998年长江流域发生大洪灾之后,国人才真正意识到长江上游保护森林和中下游地区退耕还湖的重要性。于是长江流域开始实施生态环境治理措施,全国各地开启了大规模的流域综合治理事项。总结历史经验教训要举一反三,我们应把目光看得更远一些。崇祯末年和光绪初年的特大旱灾给我们的前辈带来的灾难,其经验教训也太沉重了。我们不能等到北方地区再次发生持续数年的特大旱灾后,再去考虑建设预防旱灾的工程措施,在气候正常的年份我们要提前做一些备荒的事。

当特大干旱发展到一定程度,灾区的资源供应不能满足人们的需求时,可以利用现代社会快捷的交通转移众多人口,临时安置到其他地区。历史经验告知,人口迁移是缓减灾情的重要措施。众多人口需要集体转移,由于转移的人口需要安置,那么修建备用的安置人口的工程设施便是很必要的。

特大干旱同特大洪涝相比,灾期要更长。水灾在灾情发生时,还可以往就近高地转移居民,洪涝期过去灾情就结束,灾期较短。特大旱灾往往出现在大片区域,高地、低地都一样干旱,整个区域内各地干旱程度差异较小,在灾区内部转移居民意义较小。旱情延续时间相对较长,如果一年之内夏秋发生大旱,在非农季节的冬季和早春,人畜饮水还是困难,这当然属于旱灾的延续。由于特大干旱灾期延续时间较长,且旱灾波及的区域较大,把大量人口迁移到他乡是一种有效的救灾方式。

建设沿海安置小区的设想。在特大干旱未发生时,国家或集体应提前在沿海地区修建安置小区。在北方沿海附近地区,国家可专款投资建设安置小区。经济条件较好的乡村等集体也可在沿海地区建设安置小区。这样做,在未来的特大干旱持续期间能够安置更多的民众,这是为未来着想,也是为后人做好事。

建设沿海安置小区需要考虑多方面的情况。首先要考虑与海岸线的距离,考虑特大海潮发生时海水侵入的距离。同时要考虑未来气候变暖,海平面可能上升的高度,以此来推算海水向陆地延伸的距离。中国北方沿海地区海岸线漫长,不同区域陆地的地势高低起伏不同。因此,不同区域所建的小区离海岸线的远近要考虑实地的具体情况。这类安置小区不同于房地产商推出的豪华小区,内部设置更讲究实用性。要在有限的空间尽可能安置更多的人口,配备适合多人居住的设施。比如,建设较大的住宿设施和集体食堂,以备群体安置急用。安置小区工程在特大旱灾未发生时要提前启用,一旦灾害发生后,人们就会没有时间和精力做这些事情。

沿海安置小区建成后,随后要建设海水淡化工程。利用海水淡化技术把海水资源转化为淡水和海盐,这一事宜在普通旱灾年、气候正常年或洪涝灾害年都显得没有必要,但是在特大干旱年,这是中国北方地区得到充足淡水的较为有效的方法。与海水淡化工程相配套的是淡水输送系统,这个系统要同当地的自来水输送系统设法融为一体。在气候正常的年份,这些设施也可以启用,生产的淡水可作为工业用水或者农业灌溉用水,海盐可作为商品。建设安置小区,还要考虑能源的应急设施,以防特大干旱期间大电网出现问题。比如建一些风力发电装置,因为海边风力较强且能持续,等等。

建议内陆居民于气候正常的年份在沿海地区买房子,当特大干旱出现的时候,可以作为临时居住的地方。从备荒这一角度来讲,中国北方沿海地区加大房地产发展的规模是有益于社会的,至少在特大干旱发生之时,有利于部分人口快速转移。

在特大干旱期间,降水量很少,农作物绝收,乡村人畜饮水困难。如果干旱持续到一定程度,乡村居民可以有序地转移,迁至沿海安置小区。当自来水供应出现危机之时,城镇居民也可迁至沿海地区的安置小区。当大量居民在沿海地区居住时,加大近海捕捞业成为解决食物问题的重要措施。因为当时的陆地上总体食物量较少,从海洋中得到食物成为当时环境条件下的主要生存选择。

在特大干旱未发生时,这些安置小区可作他用,比如,可当宾馆使用,接待国内外游客;或者用作海边疗养院,作为人们休憩娱乐的场所;等等。在气候正常的年份,我们能够充分利用这些小区服务于社会。当一些地区出现洪涝灾害,或发生地震等灾害时,也可临时安置部分居民。一旦特大干旱来临,可以迅速地转移安置众多人口。在2006年重庆干旱、2010年云南干旱期间,政府启用大量的人力和物力往灾区送饮用水。如果当时国内一些地方建成了自然灾害安置小区,将重干旱区的部分居民及时地安置,这样救灾效率会很高,救灾成本也会相应降低。

(五)为野生动物备荒修建一些工程设施

人生活在自己的家园里,野生动物生存于野外,在一些人的眼中看不到太多的关联。其实,人与野生动物都是生态系统中不可缺少的组成部分,对于野生动物存在的价值和意义,只有充分地利用相关的专业知识,从多个角度进行深层次的理解才能知晓。自从地球出现生命以来,历经漫长的进化和自然选择,形成了生物的多样性,出现了纷繁复杂的自然环境。当一个生态系统中的野生动物种类丰富时,人们对野生动物的生态价值往往是视而不见的。相反,当野生动物大量减少甚至灭绝时,人们才会反思野生动物存在的价值。现在多地野猪、野兔泛滥成灾,这个时候人们才想到大型食肉动物存在的价值。还有一些地方猴子数量猛增,也是大型食肉动物减少导致的生态后果。

野生动物减少造成的灾害可形成一系列连锁反应。比如,大型食肉动物减少可造成野猪、野兔等食草动物泛滥,食草动物泛滥导致植被大量减少。当植被减少的速度大于生长速度之时,地表植被剧减。在一些降水较少的年份,地表荒漠化现象严重。野生动物大量减少,生态环境变得很脆弱,人作为生态环境中的一种生物也经不起生态灾难的冲击。从生存环境的恶劣以及食物的摄取等方面来讲,脆弱的生态环境不利于人的生存。

保护野生动物是生态文明建设的一个方面。如果不给野生动物提供一个安全的栖息之地,那社会的文明程度便值得怀疑。如果野生动物大量减少或者灭绝,这就远离了生态文明。正确的道路是:首先生态环境渐渐变好,以此为基础,生物多样性逐渐得到恢复,野生动物的种类结构逐渐趋于合理,以长期维系该区域的生态平衡,这样才能逐渐迈向生态文明。如果野生动物同人类不断地冲突,常出现动物灾害,这也背离了生态文明。出现动物灾害的原因是:它们没有足够的食物,所以觅食范围扩大。或者过去这些地方曾经是动物的领地,之后被人类占领了,动物偶尔回到曾经的领地看看,当它们的行为给人类的生命财产造成危害时,在人类的眼里便出现了"猴灾""狼灾"等动物灾害。如果出现动物灾害,证明生态文明建设受到破坏。

当未来特大干旱到来之时,对于生态系统中的多种生物而言,是一种灾难。保护野生动物,应该让它们在大灾中生存下来。人们在想方设法保证自我生存的同时,也要保护生态系统中的其他动物。有理性是人的特点,充分利用理性思维,然后以理性的行为方式应对周围的一切,以理性的行为维护整体生态环境的稳定。人作为一种智能生物,要承担更多的生态责任。人类应该尊重多种生物的生存权利,保护野生动物是尊重它们生存权利的一种行为表现。保护野生动物也是保护我们赖以生存的生态环境,稳定良好的生态环境有利于人类的生存和发展。

人类应该主动同其他生物和谐相处。地球是人类和其他生物共同的家园,人类要想在地球上生存得更好,必须重新审视自己在生物圈中的地位,同时还要了解自己肩负的生态责任,在行动上应主动同其他生物和谐相处。在气候正常的年份,应给它们创造一定的生存环境,保障它们生存的权利。在特大干旱到来时,人类和动物之间应建立有序的度灾秩序,同它们和平相处,共度难关。尽可能避免同智能较高、数量较多、能够给人类造成大的危害的动物直接冲突,以保护人类本身。

创造人与猛兽相对和谐相处的条件。人与猛兽和谐相处的事例是很多的,比如,国内外流传着不少动物收养童孩的故事,也有一些人把一些凶猛的野兽作为宠物。这些故事有虚构和夸张的一面,有关猛兽作为宠物的事例在相传的过程中很多情节都失真了。但有一点是肯定的,人与猛兽在一定的条件下可以和谐相处。人与猛兽发生冲突其原因是多方面的。当野外食物短缺时,猛兽有时可能要把捕食目标对准人类。人类要排除危险,去除隐患时,也会主动捕杀猛兽。二者在野外或者在某一地域偶然相遇时,要发生激烈的冲突。对于猛兽的智慧我们不能过低地估计,它们最大的劲敌是人类。一般情况下,它们会尽可能地避开人群,它们对人群的畏惧程度远大于人对猛兽的畏惧程度。如果人群让给它们一定的生存空间,在环境中它们能够得到生存的食物,那它们一般不会侵犯人群。不到万不得已、无可奈何的情况下,它们不会向人类发起进攻,人类与猛兽和谐相处是人的愿望,更是猛兽的愿望。

一些极端行为不利于人类与动物和谐相处。在一些人看来,地球上的其他动物要依据人类喜好被随意减少或扩大其种群。我们喜欢的动物,就设法壮大它们的种群。我们厌恶的动物,就采取极端的方式减少或者灭绝它们。例如,民间宠物狗异常增多就是典型的事例,这是伴随着社会长期稳定以及人们生活水平提高而出现的现象。这些极端的行为,不利于生态环境的稳定,也不利于人类与动物和谐相处。在人们的生活中,狗的饲养规模应该是适当的,可恰恰以惊人的速度在各地发展,导致犬科动物的种群数量猛增。这种极端行为导致的不良后果在未来的生态灾难出现时便会表现出来。若未来特大干旱发生,民间的宠物狗将会出现行为异常。因为在特大干旱期间,人们的生存面临危机,已经没有能力顾及宠物的生存,只能丢弃它们。这些被丢弃的狗一定会寻找自我的生存方式,于是会给人们的生存带来危险,给当时的生态环境带来灾难。由于人们厌恶老鼠,从而忽略了它的生态价值。采取一些极端的行为消灭它们。比如,给老鼠放药,在老鼠大量死亡的同时,也引发了一系列食物链中毒现象。由于狼等大型食肉动物给人畜的生命带来了一些伤害,人们便采取多种办法大量捕杀它们,导致大型食肉动物数量剧减甚至灭绝,也引发了一系列的生态灾难。

人们这些极端的行为破坏了生态环境,也使一些动物对人类的敌视程度加深。

可见,因过分偏爱某些动物或者过分厌恶某些动物而出现的极端行为都是违背生态规律的,可能会导致生态灾难。人们要常常检点自己的行为,相关的思维需要更新。在气候正常的年份,要保护生态环境,尽可能同动物和谐相处,尤其是要避免一些极端的杀灭野生动物的行为。假设人与动物在气候正常的年份冲突激烈,那在灾年冲突会更多。若未来特大干旱等灾害发生,我们要利用智慧和能力,同各类野生动物和谐共度灾荒。在地球大家园中,我们人类要同各类动物以及其他生物世代和谐相处下去。

人类与动物能否和谐相处,主要取决于人类能否对生存空间做出一定的让步？否对保护生态环境实施一些具体措施？如果人们怀有诚意,并且付诸行动,那人类和动物一定能够和谐相处,整个生物圈的有序性也会增强。以下谈及的内容是：为野生动物度过灾荒而修建一些备用的工程设施。

扩大原有的自然保护区,建立新的自然保护区。自然保护区的建设主要靠国家的力量,中国的自然保护区建设已经取得了不少成效,给野生动物的生存、繁衍提供了一些场所。在气候正常的年份,野生动物一般情况下能够找到足够的食物,存在生存危机的可能性较小。若未来特大干旱发生,水分严重短缺使野外多个地域的生态结构遭到破坏,而自然保护区内部受人为活动干涉较少,生态结构相对复杂,单位面积生物量相对较多,野生动物容易找到食物,这里能够成为它们灾荒时期的避难所。既然自然保护区在生态灾难时期可以成为野生动物相对稳定的栖息地,那么在没有发生特大干旱之时,在满足人们的生存及当地经济社会发展需求之后,不同地区要适当地扩大原有的自然保护区,或新建一些自然保护区,继续改善生态环境。若能考虑到为未来特大干旱时期的野生动物备荒,那就更欣慰了。因为通过自然保护区的再建设,有了更大区域的野生动物栖息地,有了更为复杂的生态结构,储存了更多的生物量,各类野生动物可有条件、有秩序地度过灾荒。

各地民众尽可能少地干扰野生动物栖息地。我国幅员辽阔,不同地域自然条件差异较大,各地野生动物的分布情况不同。有的野生动物隐蔽在深山,有的潜藏于水域中,有的藏匿于密林中,有的在草原腹地游荡,有的居住在悬崖峭壁,也有的藏于地下洞穴,还有的居住在村落的附近,等等。野生动物的种类千差万别,它们的栖息地差异更大。在复杂的生态系统中,每一种野生动物都有各自的生态价值,我们有责任保护它们的生存权利。得知它们的栖息地之后,应依据当地的自然条件和经济社会发展状况,给它们留出一定的生存空间。在人们的日常生活以及生产活动中,要尽可能不去干扰它们。若一些工程项目的施工危及一些濒危野生动物的栖息地,要依据具体情况帮助它们移居至新的栖息地,以保证它们的正常生存、繁衍,以维持生态系统的复杂性、稳定性。

关于保护野生动物栖息地的事涉及范围大,要发动全社会的力量。要做好这一事宜,宣传工作要牵头。从客观上讲,要让全体民众都认识到保护野生动物栖息地的重要性并付诸行动,是一项长期且艰巨的任务。这里的主要思维视角是:为未来特大干旱的发生备荒,尽可能让野生动物的栖息地能够持续保持原有状态,栖息地内部的动物巢穴、食物储藏地也要保存完好。比如草原上的老鼠在地下有居住的洞穴和储食的场所;林间的松鼠也有固定的住所和储存坚果的地方,等等。每一种野生动物都有自我的生存法则,这是它们长期适应自然环境代代相传的生存经验。当特大干旱到来之时,至少在一段时期,它们有自我的生存办法。野生动物栖息地保持良好,可以使野生动物有自救的空间。

在自然保护区、动物栖息地修建水库或蓄水池。在特大干旱持续期间,对于野生动物而言,水是最重要的,其次才是食物。多数动物是在食物有余的情况下,由于缺水干渴死亡。从电视栏目"动物世界"里非洲干季动物之间的争水可以得到一些启发。当干旱到来时,一部分动物长距离迁徙了,如角马;还有一部分动物不迁徙,如鳄鱼,于是很多动物在水源附近争斗。因此,未来特大干旱发生时,多种动物也会在水源附近争斗。20世纪60至70年代以来,全国各地建起了大大小小的水库,之后各地陆续修建规模不等的水库。当未来发生特大干旱时,这些水库所起的作用很大,能够解决人畜饮水问题,同时很多野生动物也会自动寻找到水库边去饮水。如果一些地域水库不多,动物与动物之间,动物与人类之间为争水会发生激烈的冲突。既然我们已经预测到这些冲突,那在大旱灾发生之前,要采取一些措施避免这些冲突。

我们实施的措施是修建一些小型水库和蓄水池。小型水库的修建首先要考虑地下岩层的地质构造以及地表的地貌条件,然后考虑河流的分布以及降水在地表的集水情况。蓄水池可灵活修建于不同的地貌区,在一些远离河流且降水较少的地区修建,修建的方法类似于水窖和旱井。在底部和侧面涂抹一层防止集水下渗的建筑材料,比如:可用水泥、沙子、石块,也可用胶泥和石灰等等。蓄水池的口要敞开,因为它是给野生动物饮水用的。水库的水容量较大,水的来源可以是河流水,也可以是天然降水。蓄水池的水的来源主要是当地的天然降水,多修建于地势低洼的地方,主要考虑周围集水范围的大小。在自然保护区内修建储水设施,规模较大的工程主要依靠国家投资。其他地域的动物栖息地修建储水设施可争取国家投资,也可以鼓励集体和个人投资。水库和蓄水池主要在降水季节集水,在枯水季节供野生动物饮用,水容量的多少是考虑的重点。修建这些工程的目的是为未来特大干旱时期备水,第一年气候正常年份的储水量要满足第二三年发生特大干旱时野生动物群饮用水的需求。它们的水容量要尽可能大一些,至少在干旱期间有较多的水量以使周围的生物维持较长的时间。当然也要考虑在洪涝年份被洪水冲垮的可能,因此要同时完善配套的排水设施,以保证其安全。

保护野生动物已经成为国际大事,大多数国家和地区已经出台了保护政策,与政策相随的是封山育林、设立自然保护区等一系列具体措施。随着国际社会保护力度的增大,未来各类野生动物的数量和规模将不断扩大。扩大动物栖息地,修建同野生动物和谐相处的备用工程设施,利于当今,益于未来。

(六)全体民众进行身体素质及野外生存训练

目前国家出台的救灾方案强调了集体行动,强调了国家和社会的作用。但是,国家的救灾方案不会涉及个体的人应该如何具体应对灾荒。比如,人们心理承受能力的训练,人们身体素质的训练,等等。民众应该训练预防大灾的个体能力,提前采取一些应对措施。以下就身体素质及野外生存训练谈谈自己的一些看法和建议。

有序地进行身体素质训练,启动全民健身运动。关于"身体素质训练"这一话题对于现代人来说并不陌生,在学生时代老师们经常强调它,步入社会后在多种媒体中也常常能听到它。但是生活幸福的现代人对待这一事宜往往习惯纸上谈兵,生活中经常听到这样的话:"开春以后开始锻炼吧,年底体检查出了一些小问题。""退休以后我就不忙了,好好锻炼呀。"多数人常常能找到一些不锻炼的借口,以至于很多人的身体素质保持在"一般状况"。这里的"一般状况"是一种保守的表达,其实文明社会呵护下的人们的身体素质存在许多不足。比如,不少人中距离步行就气喘吁吁;有能力登山、攀岩的人很少;当天气发生冷热剧烈变化时一些人就感冒;当一些病毒流行之时能够抵抗的人不多;不少年纪轻轻的人死于心脑血管疾病,等等。种种具体事实证明大多数现代人身体素质较差。基于此,个体的人应该依据自己的年龄及身体现状特征进行身体素质的训练。要笔者再谈具体锻炼的方法,实在不具备这个专业能力,因为体育是一门很深的学问。经过有序训练之后,身体素质会越来越好,抵御疾病的能力也能提高。好的身体素质是野外生存的基础,具备良好的体质在大灾面前适应能力就更强了。

以上谈到的身体素质训练是针对民众个体而言的,应对未来特大干旱是全社会的事,需要全体民众共同应对。因此,启动全民健身运动,让全体民众的身体素质整体得到提升,这是应对未来特大干旱的基础条件。全民健身运动需要社会各行业、各部门的重视,政府要组织各类媒体进行全方位的宣传,让民众意识到健身的重要性和紧迫性,同时国家要加大体育基础设施建设的投资力度,鼓励全社会的人把健身运动提升为必不可少的生活内容。伴随着全民健康水平的提高,整个社会的应灾能力也必然会相应地提高。

野外生存能力训练的主要内容和方法。野外生存能力训练是:生活在现代繁荣社会的人们,在缺少现代生活设施的野外尝试如何生存的一种训练。中国现役官兵的一些兵种把野外生存训练作为一项必备的训练项目,一些探险人员在野外生存的经验较为丰富,这里谈及的野外生存训练主要是针对预防未来特大干旱而言的。

未来特大干旱持续一段时期以后,多地生活设施会出现异常,一些居于偏僻地域的人们无法得到社会的救助,一部分人被迫走到野外寻找生存机会,他们开启了真正的野外生活。为防患于未然,民众应在气候正常的年景提前进行野外生存训练。野外生存训练包括多方面的内容,训练如何寻找水是最重要的内容。在水源较多的情况下要判断饮用哪种水最有利于健康;在水严重缺乏且已有的水被污染的情况下,要考虑采用哪些过滤净化方式处理水;在地表缺水的情况下,要依据地貌、地质、植被等条件考虑是否容易挖出地下水,等等。在野外找水应当充分利用现代科技,比如,目前市场上已推出了不同种类的净水器,人们可以利用该装置净化被污染或者杂质较多的水,利用这些装置能够扩大饮用水源的范围。

寻找食物是野外生存训练的重要内容。关于在野外寻找食物这一内容学问很深,"神农尝百草"传说的主要内容是:在远古时代,神农氏为拯救被饥饿、疾病困扰的民众,亲自尝试去吃许多的植物,亲身体验哪些植物有毒,哪些植物可食,哪些植物可治病。在之后的时代中,祖先们积累了大量的在野外寻找食物的经验。这些经验除了代代口口相传以外,还记载于不同类型的书籍中。在漫长的农耕年代,中国北方地区有不少年份是旱灾等灾害年份。在那个时代,大多数地域的人们代代保留着祖先传承下来的在"野外寻找食物"的经验。时代在变迁,社会生产力水平在飞速发展,城市化进程在不断加快。一代又一代人繁衍生息,远离乡下的城市人连花草树木、野生动物的名称也淡忘了。一些身居乡下的人也对野外的动植物关注较少。受现代高质量生活的冲击,绝大多数民众没有想过:假设置身于野外,没有条件得到生活中常见的食物,到那个时候,如何在野外得到食物?有关在野外寻找食物的具体内容,建议读者购买相关专家撰写的一些书籍并细细地阅读,笔者在此不敢班门弄斧。

了解野外卫生、医疗常识,预防疾病也是野外生存训练的一项内容。同野外卫生最相关的事情是饮水和进食,如何使水变得更清洁?如何使食物变得更干净?这是注重卫生方面首先要做到的。哪些岩石、土应该少触及?哪些小动物要少接触?哪些植物的枝叶有毒?等等。在野外常患的疾病是哪些?常用的草药又是哪些?当得了病的时候,草药之间如何配方治疗一些具体的疾病?在野外生活,还要依据季节的变化采取不同的预防疾病的措施。比如,在夏季干热的环境中人们易得多种病,要带足水以防上火,还要防止蚊虫接触皮肤等。在冬季干冷的环境中要注意保暖,防止冻伤皮肤等。关于这些方面的具体内容,卫生、中医的专家们已经推出了不少通俗易懂的高质量专著,建议大家购买阅读。

在野外生存注意自我防卫是非常重要的。野外常有大型野兽出没,它们的行踪很难捉摸,时时处处要提防它们的侵袭。在野外还有野狗群,它们有时对人也会形成危险。为了增加防御的力量,几个个体要组成一个小的群体。小群体内的成员们能合力应对野兽的进攻,也可以捕食一些野兽,还能应对一些不道德同类的袭扰。因为当一些区域的社会秩序发生紊乱之后,人与人之间冲突也是不可避免的。人们之间合作组成群体,可提高野外生存能力。

在野外复杂的地理环境中,选择夜宿地点是较难的。夜宿地点的地面要干燥,同时还要考虑夜间御寒;周围小动物要少,防止它们触及人的皮肤;同时还要预防野兽的侵袭,身旁要放一条结实的棍棒。比如,背靠大山,面向悬崖的山洞;地势险要、野兽不敢进入、并且能容身的狭窄地域,等等,这些是理想的夜宿地点。野外注意的事项还有很多,例如:如何适应酷暑？如何抵御寒冷？如何防止意外摔伤,等等。

以上谈及的是野外生存训练的几个方面的具体内容,学会在野外环境中生存涉及的内容是很多的,主要是维持生存、保护生命、预防疾病等。这些具体训练措施的推广,有利于人们在特大干旱等大灾面前增加生存的机会。在复杂的地理环境中有时可能会发生意想不到的事,当事者必须学会应对。在目前气候正常年景的稳定社会中,如果建议普通民众去真正的野外环境中进行生存训练,响应的人是很少的。尽管如此,至少我们普通民众平日要了解野外生存训练的具体方法,训练野外生存的多种能力。若在我们的有生之年,真的遇到特大干旱等较大的自然灾害,真有一天一些民众被搁置于野外,到那个时候,我们就能够从容应对,让生命得到延续。那个时候,我们便能真正体会到提前进行野外生存训练的益处了。

以上叙述的一系列备荒的行为,首先是为了保护人类的利益,同时也能维护生态的平衡。特大干旱等自然灾害是无情的,在特定的环境中对每个人是平等的。因此,全体民众都应依照以上方法有序地进行训练,享受现代生活和培养应对灾害能力相结合,做好应对大灾的准备。全社会的民众要利用现代科技、现代生产力等条件,发挥自己的主观能动性,在未来特大干旱未发生时,主动地提前实施备荒行动,做好应灾的准备事宜,防患于未然。

三、灾荒发生时的应对措施

当特大干旱到来之时,国家要启动应急救灾方案,民众也要主动实施一些应对灾害的措施,当然未受灾的兄弟省份的援助行动也会开始,灾情发展到一定程度时也能得到国际救援。以下主要谈及政府以及相关的社会组织和民众统一救灾的方法建议。

(一)统一行动,集体抗灾

当特大干旱降临,便对全社会的人发布了抗灾命令。首先是政府要组织专家进行救灾论证,救灾论证要利用现代快捷的多种信息渠道,迅速获取灾情信息，依据具体灾情设计救灾应急方案。接下来是政府要协调各方启动救灾应急方案，具体应急方案是很复杂的，主要包括以下几方面的内容：动用社会组织和人力资源；启用救灾设备；发放救灾物资；等等。开启救灾应急方案，类似于开启了一场战争。在这场战争中，政府统一组织、协调的作用表现于多个方面：能够充分利用国家、集体管控的资源；协调各方，使救灾有序地进行；检点救灾不到位的情况；减少救灾物资的浪费；维持社会秩序的相对稳定性；等等。

民众是救灾的主体，救灾的每个环节都离不开民众。民众也是接受救助的主体，救灾的目的是救助民众。在大灾面前，民众应配合社会救灾，一切行动服从政府的统一指挥和协调。随着救灾的持续，会遇到众多棘手的事，有些事情的发生是意想不到的，比如：在救灾过程中出现流行瘟疫，或者要调运大批量的物资，或者遇到其他诸如此类的大事，这些事情都需要很快解决。这个时候，全体民众应统一行动，充分利用现代高科技及先进的现代基础设施，大家齐心协力、团结互助，共同克服所遇到的困难。在大灾面前，只有集体统一行动，才能增强整体抗灾能力，才能有效地应对灾情。那么，众多的民众要如何组成集体？可以由政府统一安排组合成抗灾集体，也可由灾区民众自发组成抗灾集体，抗灾集体的形成方式较多，应依据灾区的具体情况确定。

特大干旱降临某一区域，就给这个区域内的所有民众带来了灾难，大家的事需要大家做，民众之间互助救灾成为一种普遍方式。历史事实证明，当一个区域出现众多灾民的时候，所有的人很快都会沦为灾民，因为社会是人与人相互融合的整体。互助的方法很多，比如，有富余粮食及其他食物的人家，要想出一些相对公平的交易方式将粮食等分给周围的人，帮助大家维持生存，达到共度饥荒的目的。一些养殖户，应以合理的方式宰杀家禽、家畜，并分给周围的民众，以解燃眉之急。百姓之间互相帮助，能够形成一种强大的合力，共同战胜灾荒中的种种困难。总而言之，在大灾面前，人与人之间、户与户之间、村与村之间、区域与区域之间要统一行动协调救灾。不同部门、不同单位既要有明确的分工，也要相互合作照应，服从政府的统一指挥。不同民族之间也要友好协作，共同抵御灾难。

(二)稳定人们正常生活、生产秩序的措施

维护生存环境稳定的措施。特大干旱的发生会使整个生态环境发生大变化,在这种环境背景下,人们应该发挥主观能动性,尽力维护生存环境的相对稳定。首先要保护有限的水源,如保护水库的水不受污染;维修水库大堤,防止大堤塌陷导致库储水流走;保护天然泉,防止一些动物踩踏泉眼以至于阻碍泉水的流出;在深层地下水丰富的地区,可开挖一些深井,利用地下水资源解决人们饮水的问题;等等。近年来,华北地区开挖深井抗旱,积累了较为丰富的经验。在严重缺水的地区,依据具体条件,政府可以组织车队送水。我国近年来有这样的抗旱经验,依靠国家的实力,中等强度的旱灾已被战胜。例如:2009至2010年,云南发生特大干旱,国家组织车队派专车送水,解决了人畜饮水问题,稳定了灾区民众的生活秩序。

及时妥善地处理人和动物的死尸是灾荒期间很重要的事。大灾期间有一些人和动物死亡是不可避免的,如不及时地处理死尸,它们腐烂会导致大量致疫微生物繁殖,导致瘟疫流行。要解决这个问题,除了及时处理死尸外,还要充分利用现代医药,对可能有致疫微生物生存的地方进行杀菌消毒。同样的道理,生活垃圾也要及时处理,这些广泛存在的生活垃圾可以污染空气和水,也可滋生蚊虫,生活垃圾堆放的地方也是老鼠、蟑螂等繁殖的理想场所。维护生存环境需要人人参与,广大民众要充分发挥自觉性和主动性,尽力做对环境有益的事,维护自己周围的环境。当一个个小区域的环境变好了,整个大环境自然也就稳定了,稳定的环境是人们生活稳定的基础。

处理家养犬科动物及其他牲畜,预防野生动物侵袭。当特大干旱降临,谋求生存是人们当时的第一要务,便没有能力顾及家养犬科动物了,如不妥当地进行安置或处置,人们慢慢会抛弃它们,大量的宠物狗成为流浪狗,将会危害人们的生命、财产,影响社会秩序的稳定。基于主人和宠物狗之间的情感,主人大多不忍心自行处理宠物狗。为此,这里提出的建议是:在村落和社区集中处置宠物狗,狗肉作为食物可缓减灾情。

在乡村地带,家禽、家畜的种类和数量较多。在特大干旱期间如何处置它们,要依据家禽、家畜数量的多少,以及大灾延续的时间等情况确定。对于一

些规模较大的养殖场,政府要参与进行特殊处理。比如,一些大型的养猪场、养牛场、养鸡场,由于每天消耗的水和饲料较多,让这些家禽、家畜继续生存,会与民众的生存发生冲突。政府应统一购买、宰杀它们,然后将肉食发放给民众,作为缓减饥荒的食物。或者由政府协调,一些集体单位购买,再统一宰杀后将肉食发放给民众。一些住户零散饲养的猪、牛、羊、鸡等,据灾情状况自行宰杀,所得的肉食可作为度荒期间的食物。

当特大干旱发生时,野外生存的野生动物会出现异常行为。狼、狐狸、黄鼠狼等食肉动物由于食物短缺,生存方式会发生变化。它们有时会侵入人的家园捕食家禽、家畜,一些大型食肉动物甚至会把人作为捕食目标。一些飞禽迁往他乡,留在干旱区的飞禽多聚集于水域附近。一些飞禽在人们居住区附近栖息,有时抢夺人们的食物,一些猛禽甚至会伤害牲畜和孩童。大量的老鼠由田野向村落转移,偷食住户的粮食、果蔬,有时也会啃咬衣物。在这一生态异常时期,应对野生动物同人争食,预防它们对人和家禽、家畜的侵袭,成为重要的事情。如一些区域有狼、豹等大型食肉动物出没,需要民众集体防御,情况严重时还需求助于警方的助力。应对野生动物的侵袭,有时需要人们主动出击,提前采取一些稳定野生动物的措施。比如,当条件具备时,可以适当地给一些野生动物送水、送食,以稳定它们的生活秩序,可以避免由于食物和水的危机而出现难以控制的动物灾害,避免同人类发生冲突。

在大灾期间,动物园里的野生动物仍要正常喂养,以保证它们生存的持续。动物园里的动物都是受国家保护的珍稀野生动物。若这些动物因饥渴死亡,会是国家的重大损失。若把这些动物放归自然,在大旱期间它们大多会因不能适应环境而死亡,一些猛兽还会对人畜造成生命危险。无论从哪个角度考虑,保护好动物园里的动物都是国家和社会的责任。总而言之,救助野生动物是维护生态环境中生物生存的基本秩序,是维护生态环境的稳定性,是保护人类本身。

转移安置众多人口是灾情严重时实施的措施。当特大干旱延续,灾情持续恶化,国家救灾力量不能顾及的区域越来越大时,可把灾区的众多人口转移至无旱灾的区域。现代社会快捷的交通设施可以迅速将人口转移,最棘手的问题是如何临时安置转移的人口。北方沿海地区可安置一部分灾民,安置人口的前提条件是这些地区提前装置了海水淡化系统且能源供应稳定。大旱区域的周边无灾区可就近安置灾民,无灾区政府要协调完成这一事宜。有条件的人可以提前转移出灾区,比如,中国南方地区或者其他无干旱地区,自己有房子或者有亲属的,可以提前离开灾区,灾区人口减少,可缓减救灾压力。

在转移灾区人口之前,灾区的家禽、家畜(包括宠物狗)需提前处置,处置的方式以宰杀为主,这些家养动物可为灾区的人们提供肉食。如果把这些动物留在原地,人迁走之后将会出现新的生态场景。当然在人迁走之前绝不会把猪、牛、羊、鸡留在原地,最有可能的是把宠物狗、猫抛弃,不忍心宰杀。那么,在人迁走之后,狗、猫、老鼠以及当地的一些鸟类等动物,它们之间会重新争夺新的生存领地。原来人是生态环境中的主导者,其他动物的生存地受人的控制和影响,人迁走之后其他动物激烈争夺领地是必然的。经过激烈的领地争夺,原来的宠物狗转变成的流浪狗在领地竞争中会占上风,这是由它们的体型较大以及数量众多所决定的。随着独立生活的时间变长,这些流浪狗的野性会越来越强。当旱灾过后,这些流浪狗对人畜会存在较大的安全隐患,这里建议:在人迁走之前,采取主人能够接受的方式,妥善地处置这些宠物狗,切记不要让它们自由生存。这样做是为未来人们的安全去除隐患,也能稳定未来的生态环境。

当饥荒持续到一定程度,一些地域的人被迫走到野外谋求生存。首先我们要相信国家和政府的力量,但不能排除在一些时空可能出现意外。因为救灾环节太多,不能保证每个环节都良好。特别是当自然灾害范围广,灾害程度深,社会救灾力量远不足时,一些偏远地区,或者说救灾难度较大的地区,可能得不到社会的救助,这是客观因素造成的,有时是不可避免的。大灾会给灾区的每个人造成灾难,当大灾降临且国家和社会的救灾措施在一些地区未能起到大的作用的时候,社会的有序性在一定的时空就很难维持了。在一些环境中,多数人变成了难民。在这些时空,人们的生物特性会愈趋明显,社会特性会逐渐减弱,只有食物、水、衣服等生活用品才是有价值的东西。

若灾情一直延续,在社会救灾不能覆盖的区域,一些地域的居民被迫走向野外,这个时候要使用野外生存技能。当受灾的人们置身于野外的时候,突变的环境使多数人的心理难以承受。现代的中国人整体生活水平高,突如其来的饥荒的到来导致人们的奢侈欲望在短期内转变成求生欲望,这种求生欲望成为当时人们被迫的、无奈的生存选择。在生存意识的驱使下,人们要设法寻找延续生命的办法,既要采取传统的应对灾害的措施,还要利用现代科技手段。在气候正常的年份中,人们应有意识地了解更多野外生存训练的方法,使身体素质和体能保持良好。到了真正的野外,如果懂得如何找水,如何寻找食物,了解更多的野外卫生常识,学会应对大中型野兽的袭击,能够避免人与人之间的冲突等等,那么民众在野外生存的机会就更多了。

后记：成稿后的感受与思考

书稿已成，心里仍不能平静。历史大旱的往事、现实社会的画面、未来大旱的场景轮番地在脑海里出现。我的思维不时地在过去、现在、未来这些时空来回穿越，一些新的体会和感受不断出现，同文中的内容发生撞击，同时再次引发深思。

一、部分内容回顾及思维扩展

（一）环境危机已敲响警钟

我们处在富裕时代，
生存发展给环境带来压力，
不可再生资源开采消耗速度过快，
再生资源更新速度赶不上人们攫取的速度。
生态脆弱在多地突出显现，
突发自然灾害接踵而来，
一次次环境危机敲响警钟。

面对危机我们思索，
我们哪些行为超越了限度？
哪些事实源于我们的不合理行为？
哪些事实的发生是客观的必然？
追溯历史可以找到一些答案。

我们有时过高地估计了人的能力，
在局部的范围、有限的空间，
可以移山倒海、翻天覆地，
能够砍伐森林、灭杀动物，
可是当大范围气候发生剧变，
我们应对的能力显得非常有限。

历史事实告知，
未来特大干旱必然发生，
时空选择难以判定。
当大的灾难悄然降临，
人类只能被迫应对，
茫然的心态、脆弱的心理，
如何能应对突如其来的环境剧变？

（二）人类文明来之不易

人类的历程多灾多难，
现代文明是祖祖辈辈智慧的结晶。
追溯历史，时代久远，
科学思考，开启专业视角。
茹毛饮血，洪荒时代，
人们生存，举步维艰。
灾害频发，猛兽袭扰。
自发成群，集体生活，
采集捕猎，维系生存。
天灾伴随，被迫应对。

连日大涝阻碍寻觅食物，
短时洪灾摧毁部落家园，

鲜活生命在不知不觉中丧失。
大雪覆盖,食物难寻,
天寒地冻,生命脆弱。
大旱降临,干热来袭,
植物枯黄,动物逃亡。
大地干裂,河流干涸,
人心惶惶,四处游荡,
饥饿而死,干渴而亡。
冷静思索,保命为上,
生存竞争激烈,如何让自己不亡?
无奈绝望,捕食同类,
只为生存,暂以命缓。

大灾之后继大疫,
大疫扩散人畜危,
采集草药驱病疫,
中医治疾代代承。
人群拓域空间挤,
部落冲突战争启,
残杀横飞血腥气,
等待英雄平天地。
炎黄相融天地宁,
战争平息万民欣,
农耕畜牧物产盛,
百姓安居文明兴。

(三)人类扩展生存领域

今日人类异于往日人群,
数量猛增超越以往,

创新发明日新月异,
能力超强改天换地,
上天入地堪比神力。
高质量生活刺激高水平生产,
高水平生产需要扩展地域,
山里挖宝藏,深海探稀矿,
低空飞机翔,太空卫星忙。
地表附近无处不往,
或永久居住,或临时探访。
只有你想不到的地域,
没有人去不了的地方。

(四)粮食危机步步逼近

暂不谈世上有众多饥饿人口,
单说中国目前仍然存在粮食缺口。
中国拥有众多人口,
无数双手具有巨大创造潜力,
人多需要消耗大量粮食。
虽然国内全民已经脱贫,
正向小康社会挺进。
粮食问题依然困扰国家发展,
国家号召节约粮食,
众多民众积极响应。

另一现象同节约粮食形成反差,
在城市、在乡村,
一些人家的爱狗以肉食为主,
不少家庭人与狗的饭菜相似。
部分民众的饭菜比不上一些狗的饮食,

这种对比结果引发人们反思。
一些狗有较高的饮食标准,
这一现象谈不上违背道德伦理,
更未触及国家法律。
但若站在社会全面发展的角度,
这与社会整体发展很不协调。
节约粮食是一种社会公德,
浪费粮食是一种自私表现,
省吃俭用应该提倡,
少养爱狗可缓减粮食危机。

(五) 现代社会的脆弱

小车进出,电梯上下,
出行方便,高效快捷。
用品高档,饮食多样。
蒸煮食美,烧烤更香,
今日烧鸡,明日烤鸭。
菜谱讲究搭配,
主食种类齐全。
精美厨具供便利,
熟练操作显厨艺,
洗衣自动省体力,
浴室高档提品味。

前所未有的现代生活,
需要基础设施稳当。
复杂的现代设施,
环环相扣、紧密衔接,
一个环节出现故障,

多个环节随之瘫痪。
网络停歇,信息阻隔,
资金断流,贸易受阻。
各业运行需电力,
电力中断生产阻。
生产受阻生活变,
生活紊乱人心慌,
人们享受现代生活的便利,
更恐惧现代社会的脆弱。
经不起折腾的现代社会系统,
被迫面临维护正常运行的考验。

(六) 历史时期的干旱环境

北方农耕时代历久,
旱作种植经验颇深,
靠天吃饭历史传统,
农耕文明代代传承。
风多雨少倘若来临,
干旱冲击有序乾坤。
百姓官员内心虔诚,
祈求老天降雨赐恩。

不忘历史大旱年景,
灾荒场景惨不忍睹。
河湖干涸井水枯竭,
野草死亡树叶变黄,
饥民遍地死尸横野。
狼群肆虐人畜遇险,
老鼠猖獗野狗成灾,

含泪回首追溯民哀,

饥荒记忆想来心痛。

痛思古人灾荒哀苦,

苦不堪言给谁倾诉?

(七)未来干旱灾荒场景

我们享受生活,

我们居安思危。

我们不愿看到灾难发生,

我们阻拦天灾能力有限。

未来特大干旱与现代社会系统组合,

是前所未有的事物。

历史灾难和现代场景作为思维基础,

让灾荒细节穿越时空,

让未来干旱场景历历再现。

久日无雨,骄阳似火,

植被枯萎,地面干裂。

干旱延续,灾情失控,

乡村无处觅水,城市供水中断。

提前转移的人们脱离了危险,

大旱持续推移,

救灾组织无暇顾及更多区域,

一些地域的人们,

愈来愈失去了转移条件。

干渴饥饿的人们找水觅食,

寻遍四处两手空空,

周围只是赤地一片。

在一些特定的时间空间如何找到生存的机会?

求生路上的人们举步艰难。

我们在死亡线上挣扎，
场景惨不忍睹使人潸然泪下。
群鼠路旁啃食动物尸体，
野狗到来老鼠暂时逃窜。
野狗得到了食物，
我与同伴暂时得以安全。
向着前方低地行走，
也许可能找到水源。

夜幕降临，周围肃静，
眼前闪亮的是面积不大的湖泊，
今晚又能饮水，生命再延三天。
犬声惨叫划破寂静夜空，
远眺狗群湖边停留，
饥饿野狗互相残食。
目睹眼前场景，只能改变方向前行。
宁可干渴难忍，不能自投狗嘴。
茫茫求生路，危险处处有，
要想求生存，我们人太少，
尽快增同伴，设法去找食。

写作思维可以无限制地扩展，但书稿写到一定时候必须收尾，为方便读者，以下陈述书稿简介，同时强调笔者倡导的一些思想。

二、书稿内容简述及忧患、危机意识的再强调

书稿的主要内容。首先追溯、复原历史事实，对历史时期北方地区发生的两次典型特大干旱进行了细致陈述，对大旱造成的生态变化和社会影响进行了论证，对当时人们实施的一些应灾方法进行了总结。以历史事实为依据，以

目前的地表环境为基础,对未来北方地区发生特大干旱的可能性进行了论证,得出了未来一定会发生特大干旱的结论。书中以大量的篇幅对未来应对特大干旱的具体措施作了陈述,建议人们要培育抗大灾意识,对灾难到来做好心理准备,做好应对大灾的新思维建造。书中主要列举的大旱灾:明末的大旱灾与光绪初年的大旱灾,两次大旱灾发生时的社会背景差异较大,应灾情况也迥然不同。崇祯末年北方地区连续发生了三至四年的特大干旱,但由于当时各地爆发战乱,民众迁往他乡,官府无力救灾。光绪三年、四年,北方地区连续发生两年特大干旱,灾情最重的地域是山西、河南,虽然官府、民间都采取了一定规模的救灾措施,但由于灾害程度高,救灾效果有限。

书中的内容有的是笔者对干旱灾害的深刻体悟,有的是对历史干旱灾害部分场景的复原,有的是对未来大旱场景的预测。一些内容通过对现代生活场景的描述,表达笔者的一种担忧,抒发自己的忧患、危机意识。书中倡导的观念、意识、方法可以形成一种较大的冲击力,能够培养、增进、加强民众的灾害危机意识,吸引各行各业众多的读者,让更多的人们掌握应对危机的方法。人类有漫长的道路,处在今天要多为明天、后天着想。但是自信的现代社会的人们的心理又如何?

连续好年景冲淡了人们的忧患意识。近几年的气象资料及农业生产成效显示,好年景一个接一个,粮食丰收一年胜过一年。这些事实给中华民族浓郁的龙文化增添了更多神秘,从伦理道德视角思考,一年接一年,苍天给善良助人的中华民族不断带来恩赐。于是国人的心连年振奋,"自信""优越"的心态不自觉地一层一层积淀于心中。我是一位关注特大干旱的学者,一种"忧虑"之感油然而生。未来北方地区大范围的特大干旱一定会发生,这是由自然规律决定的。如果广大民众没有建立大旱危机意识,也没有实施备荒行动,当大的灾荒到来时是无法应对的。应该是"丰年连续不断,备荒年年行动",遵循这个逻辑并实施相应的行动才是正确的选择。

以人类为主体的生态环境在气候正常的年景处于暂时的生态平衡状态。距今一万二千年以来,历史进入全新世。人类以前所未有的速度进入文明时代,人类在大规模地发展,不断地占据大量的生存空间,摄取更多的资源,在生态环境中占据了主导地位。一段人类文明的发展史,也可以说是同其他生物抢夺生存空间和食物的历史。在这段历史中，以其他生物的退却、妥让和灭绝为结果，逐渐地出现了生物圈内暂时的生态平衡，这样的生态平衡只能出现在气候正常的年景。一旦出现气候异常年，生态平衡就会被打破，生态秩序异常可以导致社会秩序异常。

"建立危机意识"是书中始终强调的内容。书稿写成后，思前想后，更感觉到全民动员、备荒防灾不仅具有必要性，而且具有紧迫性。因为很多灾难的到来具有突发性，生活幸福的现代中国人危机意识太淡薄了。当大的灾难到来，我们应当如何应对？应对的力量究竟如何？这些都是未知数。当民众产生这些疑问的时候，请阅读本书。因为书中对相关的内容作了详细的论证。特大干旱发生的时候，生态环境大变化一定会出现在一些时空。自然灾害发生具有一定的规律性，现代社会与未来社会同古代社会相比，有些方面具有相似性。现代社会的人们应该以史为鉴，预测未来，警戒世人，居安思危，做好应对未来灾荒的准备。那如何备荒？请阅读本书。在书中，笔者对多方面做了预测，阅读本书，一些细节历历在目，像发生在眼前一样。

书中反复强调"少一些奢侈行为，多一些备荒行动"。现实生活场景是国人引以为豪的，人们起居于豪华的卧室，进食于高档的餐厅，在商场购置精美的礼盒，乘坐小车出入环境幽雅的小区。在如此的生活背景下，很多人是不会想象到大旱中灾荒的场景的，更不会萌发危机意识。深刻反思现代人的高消费生活，久而久之，民众习惯了"便利""自动"，逐渐失去了自我应对大灾的能力。灾荒时人们生活的场景同幸福的现代人奢侈的生活场景形成巨大的反差，笔者渴求找到减少这种反差的办法。各地民众在生活中应该少一份奢侈，多一份节俭，将节俭的财物用以备荒。如果这种行为能够普及至整个社会，可以使备荒行动做得更好一些，那么当未来发生特大干旱的时候，众多民众在灾难中能够求得生存，以有序的方式度过灾荒，到那个时候笔者就更欣慰了。

三、带着情感，担着责任，献上此书

在书稿的构思及写作过程中，笔者一直带着情感，这些情感成为我写作的内在驱动力，同时觉得自己是在肩负自己应该承担的社会责任。

"富裕时代"的孩子们的饮食高标准让我这位历经"饥饿"的人感到震撼。

现代的小孩以及年轻一代在家吃饭时左挑右选，使老人们感到为难。在饭店点菜时犹豫不决，找不到喜欢吃的，到处乱扔剩菜剩饭成为一种习惯。这些事实促使我的思维跳到特大干旱期间食物严重短缺的场景中，这些场景同以上的现实场景形成反差，这反差震撼了我的心理。在现代社会的呵护下，人们的娱乐观念、享受心理一代胜过一代。长时间没有经历灾难的国民潜意识里感觉到"社会本来就这么平安，生活一直应该这么美好"。这种思想错觉被一天天放大，居安思危甚至被一些人认为是笑话。该书问世以后，如果能让幸福的中国人产生"居安思危"的意识，改变民众现有的消费习惯，特别是年轻一代的消费方式，养成节俭持家的风格；让享受生活的民众为未来可能出现的灾荒采取一些备荒行为，做一些实实在在的事情，以达到有备无患，我愿足矣。

关注2006年重庆大旱，思考"研究特大干旱"的现实意义。2006年暑期，当时我正在家乡。那段日子，天天关注电视新闻播放的"重庆大旱情况"。随着干旱的持续，田地中的禾苗渐渐枯死，野生动物逃离、死亡。人畜饮水越来越紧张，于是政府组建了跨省区的送水车队，队伍浩浩荡荡从四面八方向重庆的不同地域挺进。干旱还在持续，社会救助的力度不断增大，虽然广大民众在政府的救助下度过了灾荒，但是当地的种植业、畜牧业以及其他产业都受到了严重的冲击，大旱延缓了重庆地区整体的发展。为此，我在想，若未来中国北方大部分地区同一时期发生特大干旱，政府、社会、个人该如何应对？到那个时候，政府组建跨省区的送水车队可行性有多大？我倾心研究"北方地区特大干旱"有意义吗？如果有一些新的思维方式，针对政府、社会、个人提出一些具体的备荒措施；如果我这本书能够影响民众的思维方式，能够被政府的一些部门所采纳，对社会做出一些贡献，那么，我研究"特大干旱"就具有必要性，且真正具有了现实意义。

2019年末开始传播的新冠肺炎疫情让我的心灵受到震动。2019年末，新冠肺炎疫情开始传播，当时我被封闭在所住的小区，天天看电视新闻，时时关注疫情最新动态。在同病毒对峙的日子里，在政府的关照下，各地民众的生活物资能够得到保障，但人们的生活水平骤降，同疫情暴发前的生活相比差距很大。当一些鲜活的生命由于病毒的肆虐而失去的时候，我感到痛心。这一期间，确实耳闻目睹了现代社会经历大灾时百姓的生存艰难以及生命的脆弱。

这些事实触动了我研究未来特大干旱的心,希望我这本书发行以后,能够对国人以及众多世人的心理产生冲击效应。鼓励他们珍惜气候正常的年景,珍惜社会平稳的时代。提醒他们一边享受幸福生活,一边居安思危为未来可能发生的灾荒做准备。当未来特大干旱或者其他灾害到来之时,大家能够从容地应对,尽力把灾害造成的损失降到最低。到那个时候,我这本书的社会价值就更加突出了。

"灾荒"与"文明"撞击。追溯漫长的历史时期,当"灾荒"与"文明"发生撞击时,双方各有胜负。对于未来的特大干旱,无论官方还是民间,都应做好充分准备。宁可备荒过度,也不能疏忽大意。如果人们过分自信,自以为依靠现代社会的力量能够战胜一切,过分沉溺于享乐之中,没有一点敬畏自然之感,当特大干旱到来之时,我们真的会防不胜防。切记,在未来的一定时期,北方地区大范围的特大干旱大概率会发生,因为这是自然的规律。如果我们相信科学预见,建立危机意识,在气候正常的年份采取积极的备荒行为。当特大干旱到来之时,发挥人们的主观能动性,利用现代科技以及强大的社会生产力,一定能战胜特大干旱。那么,在未来当"灾荒"撞向"文明"之时,经综合思考、全面分析,"文明"的力量应该更大一些。古老的东方文明正在走向复兴之路,它正昂首阔步迈向未来。当自然"安排"的大灾按它本来的力量降临中国北方地区时,东方文明的力量将以排山倒海之势"化解"灾害,勤劳智慧的民众将一如既往地助力东方文明的升华。当思维延续到这里的时候,心中多日思索的疑难问题的答案知晓了,书稿的题目找到了:"灾荒与文明撞击",书稿加题目便成为一本完整的书了。我真心将此书献给各行各业的读者,诚挚期盼各位专家、学者、同行批评指正。

温震军

2023 年 12 月